JN218245

田村雄一［著］

# 自然により近づく農空間づくり

Near to Nature Farming

築地書館

# はじめに　「田村、有機農業は美しいぞ」

夫婦で農業を営み、二十年が経った。これまで酪農と園芸、米といった異なる部門を農場内で連携させ、農薬や化学肥料をなるべく用いない農法を実践してきた（主力品目のニラをはじめ、全ての野菜は無農薬無化学肥料である）。

長い間田舎に住み、日々飼育や栽培をする中、動物や植物そして土や水、風。こうしたものを眺めていて、「美しいなあ」とふと感じる時がある。

その感覚は、それらが存在する空間を含めたトータル的な美しさだと考える。野菜品評会や家畜共進会のような、見た目重視の形態的な美しさではない。


平成の初めより長い間、近自然河川工法を提唱してこられた福留脩文氏が、二〇一三年のお正月にわが家の圃場を訪れた時、こう言われた。

「田村、有機農業は美しいぞ」

近自然河川工法から、持続発展可能な地域計画へと理論を派生させた人物である。福留氏の語る真意としては、有機農業という言葉が、単に農薬や化学肥料を三年間使用しない原則的な農産物（注：有機ＪＡＳでは種まきをする二年以上前から農薬や化学肥料を使わない圃場、多年生作物の場合、使用禁止資材を三年以上使用していない圃場で栽培）のことを指しているのではないと、すぐに理解できた。

北海道網走市での河川改修に関わるかたわら、流域での有機農業の取り組みを視察、助言してこられたようである。その網走市の話題に触れて、そこで営まれる有機農業を指し、こう言われたのだ。

では、この有機農業に隠された意味とは何か。本書をまとめていくうちに、この有機農業の意味が自分なりに理解できるようになってきた。

それは、良好な農空間を整備することである。では、良好な農空間とは何を指すのか。それは風土に馴染む空間であるということだ。風土に馴染むということは、周辺の自然により近づいているということでもある。そこには、原理的に完成された固有の景観が存在する。

一般の人は景観と聞くと、街並みや観光地を想像するかもしれない。だが、ここでいう景観とは、豊かな自然生態系と人間の利用が衝突もしくは共存した表象（表の顔）なのだ。日本の農村景観の多くは、人間の開発利用によって土台となる自然生態系が崩れた挙句の残念な姿となっている。それは、造林された四季を通して真っ暗な森林やコンクリート護岸で固められた河川だけでなく、農地においても近代農法による生態系の単相化・弱体化は同然である。森林、河川、農地これらを合わせた農村生態系が非常に脆弱になっている。

農地が悪化した理由は、画一的な農地整備や農薬化学肥料に偏った近代農業だ。だが、この流れを止めて、昔に戻せと主張したいのではない。現代の知見を寄せ集め、理想の農業像に近づけてはどうかと言いたいのだ。

理想の農業像とは、農薬や化学肥料を全く必要としない、自然を最大限に利用した自然農のようなものであり、なおかつ収量が安定的に確保できる技術力の高い農業ではなかろうか。これを「進化した自然農」と、自分は呼ぶ。

この進化した自然農に近づけるための方法が、本書で提唱したいNNF（Near to Nature Farming）である。

さて、本書は四つの章で構成される。

まずは「見える世界」について述べる。

従前の農家は、農業を営むかたわら、漁や猟、山菜取りなどにも勤しんできた。そしてそれらは食卓のごちそうとして家族の腹を満たしてきた。余剰分は換金するために市場などに出された。農家は自らの畑だけでなく、農村やその周りの山川海に目を向ける必要があった。結果として、自然に詳しくなり、種名を覚え、生態を理解していった。見える世界がきちんと見えていた。

ところが今の農家は、そうした生活の糧が必要ないことから、関心を持って覚えることもなくなり、次第に自然に対して畏敬の念を抱かなくなり、無知になってきたように思う。周辺の自然がどうあろうと、自分の畑には全く関係ないと思っているからだ。

まずは見える世界が見えるかどうかである。換言すれば、自らが住む農空間が描けるかどうかである。そこが描けないと、理想の姿へと展開させることができない。

そして次の章では、「見えない世界を見る」。完成された固有の景観の原理を理解することである。原理なしに、見えない世界を見ることはできない。むしろ農地を知るための唯一の手立てが、原理であると思ってもらえれば良い。その一つが川のダイナミズム（浸食運搬堆積）である。または、消費者、生産者、分解者という生態ピラミッドの序列。こうした基本的な原理が、見えなかった世界を見る一助となるはずだ。

三章では、農空間を整えるためのポイントを述べる。土のC／N比（注：炭素÷窒素の比：C／N率という言い方もあるので、以下、全て比を除きC／Nとする）に合わせた施肥技術や、

PH（土壌酸度）とCEC（塩基置換容量：土の保肥力）の関係について、さらには農地生態系のどの部分に着目すべきかを述べる。

最終章では、具体的な手法を示し、農業現場でどのようなことに取り組めばいいかを書いている。自然の仕組みが、最も優れた教師である。だから自然の仕組みに習うようにしなければならない。また人や作物といった主体を優先するのではなく、作物を取り巻く環境を優先的に整えてやれば、作物は自然と作りやすくなるということをいくつか例に挙げまとめている。

**著者の農場**

乳牛20頭（うち搾乳15頭）、米60アール、ニラ90アール（うち施設55アール、露地35アール）、サツマイモ、生姜など20アール、WCS（飼料稲）90アール、ソルゴーなど飼料畑40アール。
全経営耕地300アール。一筆当たりの平均面積は10アール以下。
高知県中西部、佐川盆地の中央北に位置し、傾斜地も多く、四方を山に囲まれた中山間地に属する。

# 自然により近づく農空間づくり　目次

## 第2章 見えない世界を見る

第3章　NNFの実践

## 第4章　自然により近づく農空間づくり

# 序章

本題に入る前に、少しだけ自分の出会いや経験について触れたい。いくつかの運命的な出会いが本書をまとめる、きっかけとなったからだ。

## ポジとネガ

一九九二年、高知市に本社がある西日本科学技術研究所に勤めていた時、当時の所長だった福留氏から、近自然河川工法を教わった。

福留氏は、スイスやドイツで近自然河川工法を学び、その技術を日本に広めた先駆者であり、北海道から沖縄まで数多くの河川で奇跡的な再生を成し遂げた河川土木技術者である。人は福留氏を「川の外科医」と呼んでいた。その福留氏は、二〇一三年十二月に他界している。

亡くなる年のお正月明けに、何の前触れもなく、突如わが家を訪問してくださった。その時すでに、自分が研究所を退職し就農してから、十七年が経っていた。退職して長い時間が流れたにもかかわらず、熱心に自分の話に耳を傾けてくれ、無農薬で栽培するニラを眺め、わずかな時間であったが、懐かしい話をした。

カメラを手に現場を巡る福留氏が、口癖のように言っていた言葉がいくつかある。その一つが、「表を見るな、写真にポジとネガがあるように、森羅万象その全てに裏がある。その裏を見よ」である。

**図１**　在りし日の福留脩文氏。2010年１月、高知県馬路村安田川にて。（写真提供：西日本科学技術研究所）

当時はポジとネガの意味がよく分からないでいた。だが、自然相手の仕事をしていくうちに、少しずつではあるがその意味らしきものが感じられるようになってきた。

ポジはある程度、見たままのことであるが、ネガについては、言葉を変えれば因果や本質のようなもの、あるいは結びつきのようなものである。「見える世界（ポジ）」と「見えない世界（ネガ）」の章では、自然界をしっかり見ることが、まず何よりも大切だということを述べる。

ＮＮＦは、日本全国どこでもうまく作れる魔法のような農法を提供するのではない。自然の普遍性や原理に則って、個々の農場に生かしていくことが大切だと考える。

原理をきちんと理解し、人が自然の力を借

りて作物やその環境を育んだ結果、でき上がった農空間が、時間軸の中でいいものに仕上がるということを理解して欲しいのだ。逆に、人が自然の摂理を無視して作った農空間は、見えない世界（ネガ）がきちんとできておらず、周囲の自然とどこか違和感（不自然さ）が生じてしまう。

## 近自然河川工法とは

自分は大学時代からカヌーが好きで、全国の河川をツーリングしていた。北海道の釧路川を下った時、大掛かりな護岸工事を目の当たりにし、人の手がほとんど入らない無垢な自然が国の予算で破壊されているような、言い知れぬ不安を感じた。

旅の直後、偶然にも福留氏の講演を聴く機会があり、強い感銘を受けた。そして直感的に、この人の会社で働きたいと思い、試験を受け入社に至った。会社では所長室に在籍し、出版や講演会の企画を担当した。入社した時にはすでに『スイスレポート5　近自然河川工法』は刊行されていて、この本をバイブルとして、多くのことを学んだ。

この本の一一ページにこう記されている。

近自然河川工法で改修を受ける区間では、自然が十分に発展でき、魚がそこに棲み繁殖できるという条件が満たされなければなりません。河川空間がより多面的で変化の多い程、人々にとってはより魅力的で興味深いものとなります。自然のために十分な空間が残されているなら、この多様性はほとんど自らの力で発達していけます（傍点、筆者）

近自然河川工法の現場では、河道内や河川周辺が、多くの動植物のための生活空間となる。例えば、近自然河川工法で施工された川底には、礫や小石、砂、シルトといった多様な粒径が堆積し、水深や流速が変化する。

**図２**　「スイスレポート５　近自然河川工法―生命系の土木建設技術を求めて―」近自然河川工法研究会発行。同書はのちに信山社出版より『近自然河川工法の研究』の書名で出版される。

すると環境が良くなったせいで苔が成長し、鮎の格好の餌場となり、十分な餌で増体した成魚は、多くの卵を宿し下流で産卵する。降海した仔稚魚は再び成魚となって、この川へと戻ってくる。さらに石の裏に生息する河川昆虫が羽化し、地上に現れることによって、それらを餌とする昆虫類、さらには鳥類が集うこととなる。鳥類は木の実なども食するため、河川脇の土手には、山で食した木の実が発芽、成長する。ヒサカキやエノキなど、これらの木が成長し、昆虫が葉に集まり水面に落下すると、それらを雑食性の魚類が捕食する。こうして、近自然河川工法によって改修された区間は、ほとんど自らの力で発達し様々な生物のビオトープ（生物生息空間）となりうる。

さて、この設計にはいくつかポイントがある。まず第一に、目の前の川の性格がどうか、そしてどのような姿が美しいのか、これらを見極めることである（福留氏は「川成(かわなり)を読む」と言われていた）。

それには昔からの姿、つまり開発以前そこにあった淵の存在が重要になってくる。地形や水量といった要因から、自然状態ならば必ず現れてくるはずの空間を適正な位置に創造するのだ。それによって空間が持つ機能（生物の多様性など）が回復するようになる。この想定される淵は絶対的な存在を意味する、「FIXPOINT（固定点）」と呼ぶが、これを作り上げるために上流側にいかなる洪水でも動かない石を配置する。すると、この石の下流側には、今までなかった緩流や急流が生まれてくる。

「（石を設置した後で）人ができるのはここまで、これから先は自然に任せる」という台詞を福留氏の講演で耳にした人はたくさんいるのではないだろうか。いくつかの石の巧妙な仕掛けによって、理想の河川空間が作られていき、自然が時間軸の中で発展して空間を形成する。

ここでいう自然は、その土地特有の生態系のことを指す。よって所変われば、出来上がる空間が全く違うものになる。土地の景観が土地ごとに違うというのは、気候の違いや地形や地質、そこに生息している種の違いが影響しているからだ。

そういう理由から、近自然河川工法の施工時においては、固有種や在来種といったものを大切にする。石や樹木（ヤナギなどを用いる）、種子、こういったものを施工時に遠隔地から持ち込まない。岩石に含まれるミネラルは、地域によって全く異なる。庭石に適した有名産地からわざわざ持ち込むことなどもっての他なのだ。あくまで地元素材にこだわる。

このように近自然河川工法におけるポイントがいくつかある。あくまでも私見であるが、次の五つの要点になろう。

①川成を読む
②FIXPOINT の適正な配置
③後は自然に任せる
④地元の自然素材にこだわる
⑤地元の職人を使う

地元の職人を使うというのは、技術継承のためである。

地元で独自の河川工事が長く継承されていくためには、そういう現場（仕事）が発注され続けていくことが重要で、熟練者だけでなく、若い世代への引き継ぎもなされなければならない。そのためには、安価な労賃ではなく、子育て世代が安定した生活を営むことができる正当な労働対価が支払われるべきである。

## 近自然農業について

近自然のスキームは、河川工法のみならず林業といった産業や道路土木、街並み整備などのインフラ関連からも成るが、当然のようにその一つに農業もある。近自然農業と呼ばれ、スイスやドイツで普及した。しかし、今では一九八〇年代にフランスで発祥したアグロフォレストリーの知名度の方が高くなり、欧州全域に広く浸透している。基本的な考え方や取り組む事項で、両者は似ている。

ところで、福留氏の見聞した土木技術の延長線上には、持続発展可能な地域計画があり、その中には農業や林業が体系づけられている。生態系をベースにした生産・生活体系の見直しである。

この観点から、近自然農業を探ってみる。河川の再生を例にとるなら、土木技術一辺倒では、水系の環境保全は成立しないという考え方がある。水という媒体を介して、農薬や肥料養分は土壌から流亡し、河川や湖沼、海を汚染する。それらの改善には、単に河床や護岸を改修しただけではどうにもならない。生物的な汚濁は改善できても、化学的な汚染物資の除去は困難である。したがって、周辺地域で営まれる工業や農業や林業、さらには家庭から出されるゴミや排水なども対象にしてトータル的に改善していこうというのが、近自然による共生型社会である。したがって近自然農業も、環境への負荷を軽減させることを目的として、数値目標を達成しなければならないのだ。

さらに、こうした汚染問題だけでなく、生物多様性戦略にも近自然農業は寄与している。ヨーロッパ各国で行われた農村開発は、手付かずの自然を破壊し、生産効率を最優先させた農地へと改変してきた。その後、度々起きる洪水や地下水の硝酸塩汚染、生物種の減少などによって、失われた自然の価値に気づくことになり、自然の再生、回復を図ることとなった。「植物と動物のための新しい生活圏」と題する手引書が一九八四年にバイエルン州で発表された。この中には、草原ややせた草地、裸地、雑木林など多種のビオトープ区分における管理手法が記されている。生態系のタイプを理解した上で、管理方法を変えていく。例えば、やせた空間は生物種が少ないが、乾燥を好む爬虫類などの生息には適している。こうしたことから、すでにそこに生息する生き物の存在意義を重視して、やせた土地は肥沃にしないようにすることが大切であるとしている。また石が積み上げられている場所も、石を除去してはならない。

なぜなら、石の隙間にしか居場所がない生き物たちの住処を奪ってはいけないからだ。

ヨーロッパの行政主導の従来の農村開発においては、作業効率重視の大規模開発が行われ、農地、水路、農道の全てが直線化された。ところが、その後に起きた災害や環境の悪化だけでなく、視覚的な面からも「自然界に直線は存在しない」と世論で非難されて、政府は開発による多大な損失を認めた。

結果として農地や水路、農道の再整備をする際には、樹林帯や灌木、生け垣、草地を維持、回復させ、さらに水理学に基づいた自然の流路や、曲がった道に戻すような整備が行われるようになった。こうして開発以前の農村風景が再現されていったのである。それに合わせて河川に魚が戻り、昆虫類や鳥類、小型哺乳類などの野生動物も増加してきた。

こうしたことから近自然農業は、どちらかというと有機農業や自然農のような栽培学的なものではなく、生物学や土木学といった立場から、人間社会と自然の共生を目的とし地域一体となって推進していく整備や活動に関する体系であると言える。

## 景観生態学的視点から見た牧場

就農するまでの間半年ほど、同じ町内にある高知県畜産試験場に臨時職員として勤務していた。ここでは当時、上田孝道氏が場長を務めていた。

**図3**　高知県畜産試験場の採草地と畜舎など。山腹の凸面は放牧利用されていて、谷筋は樹林を残している。時が経っても様相は変わらない。

上田氏は山の斜面を利用した放牧、山地（やまち）放牧の研究者である。その上田氏の協力もあり、日々の管理作業にあたりながら、牧場におけるエコトープを描画し、レポート「景観生態学的視点からとらえた高知県畜産試験場の姿とエコロジーファームに向けた発想」にまとめた。

エコトープとは、生態学的に形態や機能でまとめられた景観の単位のことで、地形図や地質図、土壌図、植生図を元にオーバーレイ（重ね合わせ）という手法を用いて、トレーシング用紙に書き写される。この結果、機能性の同質なエリアが区分され、エコトープ区分図（注：エコトープ区分図は、多変量解析の主因子分析、クラスター分析などを用いてコンピュータで処理する方法

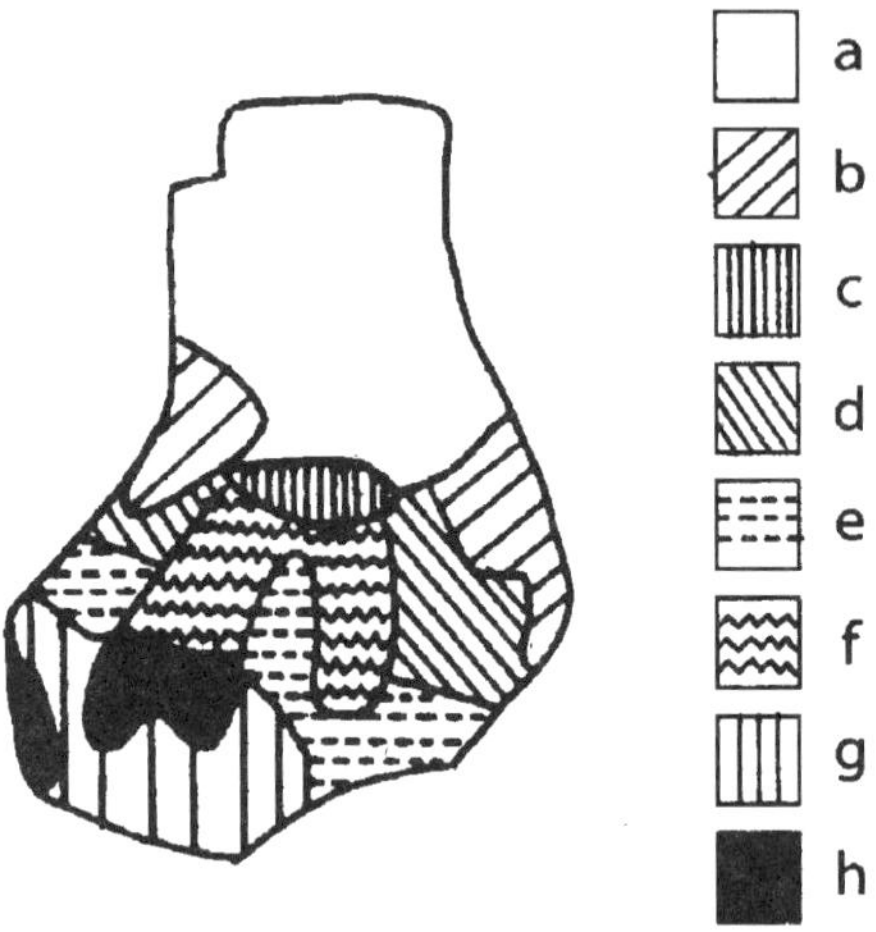

**図４**　畜産試験場のエコトープ区分図。トレース紙を使用し鉛筆でなぞったため、簡易な図になっているが、人為による土地利用の成否への助言は十分にできる。
ｅは硬い凸面の屋根型地形で、放牧に適した草地。ｆは谷型地形の斜面で照葉樹の林となっている。

が一般的である）が完成する。

　そして、この図を片手に、現況の土地利用と比べてみると、土地の特性に合った利用がなされているかの判断ができる。つまり、風土に馴染んだ農空間であるかを目で見て確認することができるのだ。畜産試験場の場合だと、驚くことに牧場の中の様々な施設や草地、森林の配置がぴったり符合していた。

　そういうモデルのような牧場を、改めて遠くから眺めてみる。そうすると、山腹が崩れたり、水路が土砂で埋まったりということが全く起きていない。災害に強いということの証である。

　また平常時にも、放牧されている牛が安定的に採食できる草地が維持できていた。これも硬い凸面の屋根型地形（図４のｅ）を利用しているからだと考えられる。その土壌はミネラルを多く含んでいるために、栄養価の高い草が育つのだ。

谷型地形の斜面（図4のｆ）は、土質的に脆く開発時よりほとんど手をつけない管理をしていることから、シイやカシなどの照葉樹林の極相林（六十年以上の成長を遂げた森）となっていた。周辺の樹林は萌芽林で、コナラなどのまっすぐな木を伐採して牧柵用に使っており、林縁（森と草地などとの境）には牛が中に入らないように密な草木を残していた。

区分図より、山地を利用した牧場としての美しさから、立地を無視した造成や管理を行っていないということが理解できた。脆弱な場所には、慣例的に手をつけていないというのは、土地を知り尽くした職人のような人たちが施業ルールを遵守しているからだろう。だから、開場してからずいぶん経つが、いつまでも変わらず、牧場の美しさが保たれているのだ。

ちなみに高知は、山地酪農の発祥の地でもあり、かつては山地放牧があちこちで見られた。

## 自然農への憧れ

農業を始めて幾度かの転機があった。農業の師である父親が病死した直後は経営が落ち込み、三十年以上続けてきた家業の柱である酪農をやめるかという選択に悩んだ。それとも、農薬を使う単一作物（園芸）だけに絞り込んだ経営にしようかと考えた。だが、農薬や化学肥料を使わない野菜栽培にこだわりたい希望があったことから、なかなか決められず躊躇していた。そ

**図5**　有機農業の知名度が今よりもっと低かった時代、高知県宿毛市に、エコロジカルな農場を見ることができる優れた展示室と実験圃があった。

れは、就農前に偶然目にした、有畜複合で営む自然農の衝撃が、ずっと脳裏に焼き付いて離れなかったからだ。

その自然農を営む宿は、高知県の西端に位置する宿毛市にあった。宿に隣接する研究棟（ログハウス）の部屋の机の上には、牛乳瓶より少し大きな二つの瓶が並べて置かれていた。両方とも十数年前に収穫された籾が半分ほど入っていた。一つは農薬化学肥料を使用して作りました、とある。もう一つは山の落ち葉や枝、カヤなどで作りました、とある。前者は真っ黒なカビが全体を覆っていて形もボロボロだった。後者は、収穫直後のままで黄褐色の粒のしっかりとした籾が収まっていた。振るとシャカシャカ音がした。黒い方は瓶にこびりついて音がするような状態ではなかった。

同じ敷地内にある畑と鶏小屋には、草や落ち葉が敷き詰められていて、地鶏が元気に走り回って、野菜は病害虫もなく健やかに成長していた。そして出された食事には、当然のようにここで採れたものが使われていた。鮎も地元松田川で採れたものだった。野菜は、素直な味というか、野菜臭さがない味がした。今でもずっと忘れることができない味だ。

この体験がずっと自分の中に残っていた。できるなら、こういうこだわりが理想だと。農的暮らし。妻ともこの意見で一致していた。決して大きな規模にすることはできないが、自然と一体化した生産・生活体系がそこにはあった。

## 近自然農業とNNF

近自然農業があり、有機農業あるいは自然農がある。

構造的に秩序ある農村整備を行おうという意図の前者と、農薬化学肥料を使わず人の体に良い作物を作ろうという後者。

この両者は目指すところは近いのだろうが、元々のスタート地点が違うためか、別々のものと考えた方が良さそうである。

福留氏は、この両者が重なった部分を有機農業と呼んだが、それは有機農業のJAS法的な捉え方ではない、オーガニック（多様な結びつき）のような広義の解釈をもってすれば、決して間違っていないと思う。

有機農業については、こう書かれている。

「有機農業」という言葉は、一九七一年に一楽照雄によって生み出された。一楽照雄は、当時、経済合理主義によって推進されていた農業の近代化に対して疑問を呈した。（中略）一楽が求めたのは、経済の領域を超えた大きな価値を有する本来の農業、あるべき姿の農業であり、それは、豊かな地力と多様な生態系に支えられた土壌から生み出された健康的で食味の良い食べ物を通して、自立した生産者と消費者が密接に結び付き、それにより地域の社会や文化の発展と、安定した永続的で幸福な生活の実現を図ることであった。
舘野廣幸「有機農家からみた日本の有機農業と関係する思想家たち」（社会科学論集第136号）より

さて現代はモノの生産よりも消費が経済を主導する消費主導の時代となり、互いに顔の見えない関係で取引されている。このため農家は規格品のような農産物を大量に生産することを強いられ、農薬化学肥料を使わざるを得ない状況に立たされている。その対立概念に位置づけられる有機農業は、ＪＡＳ法に規定されるような、「単に禁止資材を数年間使用しない圃場で栽培する」というだけのものではないと言える。やはり、一楽氏が述べたように、農業現場では「豊かな地力と多様な生態系に支えられた土壌」を農家が最も重要視すること、それこそが有機農業ではないかと筆者は考える。

福留氏の有機農業は、どちらかというと一楽氏の考えに近いはずだ。筆者は福留氏の有機農業に共感し、それを目指している。そこで筆者は、あえて別の言葉を使いたい。そうすることで、ＪＡＳ法の有機農業と誤解なく区別できるのではないかと考える。

まずは、最も適した言葉を選択するのに、有機農業からアプローチするよりは、近自然農業からアプローチした方が誤解を減らせると考えた。

そこで、近自然という語句を分解して、「自然に近づく」とした。英語ではnear natureとなるが、ここのところにドイツ語のmehr「もっと」「より」を加えるため、方向性を持った英語のtoを加え、Near to Natureとした。

そして農空間づくりという造語であるが、これは有機農業や自然農という農法を用いて、時間とともに出来上がる秩序ある美しい空間を指した。その英訳であるが、農家が時間を費やして空間を作り上げる行為、「農業」という労働が最もふさわしいと考え、農業の英訳Farmingとした。

よって、本書のタイトル、自然により近づく農空間づくり（NNF：Near to Nature Farmig）に至った。

## 本当に大事なものは見えにくい

地上のポジの世界が美しく見えるということは、水面下の見えないネガの世界が整っているということだ。乏しい関係性の上に、美しい世界は存在しない。

畜産試験場の風景からだと読み取れないネガの世界が、エコトープ区分図では明らかになる。エコトープ区分図では様々な地理的データが重層して意味を成している。だから、この風景がなぜ美しいのかを説明することができる。

しかし一般的には、見えている世界ですら、なかなか見えないものだし、見えない世界はまるで空想の世界のように思えてくるかもしれない。だが空想世界ではない、むしろその逆で、どの場所にも共通する普遍性のある確かな原理が隠されているのだ。

これは筆者だけかもしれないが、畑の中のみを見ていて、作物をうまく作れたとしても何かが違うという思いが込み上げてくる。

周囲の山や川、田畑が荒れている。農薬や化学肥料の使用は一向になくならない。自分も時々、代かき後の水田や農地の周辺に除草剤を用いる。刈り払い機では根絶が難しい雑草を減らす目的であったり、周辺からの雑草の侵入を防ぐために仕方なく用いる。そうすることで隣り合う農家との信頼関係をかろうじて維持できる。

だがこうした除草剤や殺菌剤、殺虫剤、ホルモン剤などに依存した農業を続けていくことで、生産高が上がったとしても、地域生態系の発展、向上がなければ、将来が不安になる。生態系の歯車の狂いが、畑に影響を及ぼす時がやってくるのではという不安だ。狂った歯車は、どの生物にとっても不都合で、近い将来において破滅的な状況が起きるのではないだろうか。

農空間は、本来、自然というお手本があったはずだ。今では農空間は人為のみでコントロールされている。水やり、害虫に特化した虫の駆除、風、光、二酸化炭素。

自然の力にはかなわないはずなのに、人工的な道具や力でもって、置き換えようとする。土がいらなくなっているのもその一例だ。一方では、作物に適した温度や湿度を維持する設備や、二酸化炭素発生装置を用いる。

自然界からかけ離れた栽培空間と、自然界で受け継がれてきた作物の種子とは無縁なもののように思われるが、そこでは逆に生産高が限りなく上がっている。

オランダのトマト栽培は、一〇アールあたり一〇〇トンの生産高を誇る。栽培される品種は、一つの果房に一〇個の中玉トマトがなる。一本の樹に三六果房ある。よって、一本の樹から合計三六〇個の実が取れる計算になる。一日一個として、一人の人間が一本のトマトの樹で一年中食べられる計算だ。それが、外部から完全に遮断され環境制御された空間で成せる技なのである。ここまでしないと、現代の農業経営は成立しないとよく耳にする。

進化する農業に、環境のコントロールが欠かせないとすれば、どうであろう。お天気任せの農業というのは、一向に進化しない産業ということにもなりかねない。自分も同感だ。

ただ、もし仮に自然の力をうまく利用する農業というのがあるならば、それはコントロールができており進化型であるということだ。自然に翻弄されるのではなく、悪天候も自然の揺らぎ（振れ幅）の範囲内という形で、栽培に活用するのだ。

# 第1章

# 見える世界に目を向ける

農村において風土を構成する要素とは、山や川、湖、海、空、草原、畑などが挙げられるが、農業生産現場である田畑を中心に考えるなら、見えるのは土、そこに育つ作物、雑草、昆虫などが挙がるだろう。だがもっと見て欲しい。そこにはまだあるはずだ。流れる水があり、積もったゴミ（自然ゴミ）があり、さらに目を空にやると光がある。あたりには農作業をしている人も見える。さらに風が吹いているのが、葉の揺らぎから見て取れる。このように見えるものはたくさんあるのだ。それらの情報をなるだけたくさん取り込み、次に見えない世界を見ていくのだ。

「自分が見たいものを見るのではなく、見なくてはならないものを見るのよ」（『色彩を持たない多崎つくると、彼の巡礼の年』村上春樹著、文藝春秋）のフレーズを引用して言いたい。そのために、目をじっと凝らして見て欲しい。以下に自分なりの視点から見た、見える世界について解説する。

## 1　いい土を探す

土を見るには、まず地形や河川との位置関係、さらには地質図や農耕土壌図から大まかな情報を得ると良い。地形は、水はけや土質に関係してくるし、微気象にも影響を与える。また河川との距離は肥沃度とも関係してくる。河川に近ければ肥沃度が高い傾向がある。さらには地質図では上流にあるミネラルが読み取れる。河川や地下水に含有するミネラル分である。農耕土壌図では、分布する土壌の名称や土性の特徴と合わせて、耕作する上での様々な注意点が記されている。これらについては枚挙にいとまがないので、割愛する。

## いい土とは

「いい土になったねえ」と道行く人が声をかける。ここで言ういい土とは、何か。色、土の粒の大きさ、軽さ、触った感じ、匂い、湿り気、土だけ見ても様々な見方ができる。それを総合的に捉えて、みんなこう言うのだ。その直感的な判断にはさほど大きな誤りはない。ただし化学的な成分量や生物的なミクロな面は見えないので、もし誤るとすればその部分となろう。

概していい土という場合、色はやや黒くなる。これは腐植（注：土に含まれる明確な形の残らない有機物のことで、土壌の物理性、化学性、生物性を良好にするための重要な指標）の色で、腐植が高まると黒っぽくなるからだ。つまり黒くなるということは腐植（有機物）が増えてきているということの証でもある。

そして、色以外にいえる「いい土」の特徴は、物理性が良くなって、土の湿り具合いがいつも「しっとり」としている。黒ぼく土のように元々黒い土では、水はけがいいので、水を余分に持たず、それでいて乾燥しにくい。

ところで、非黒ぼく土（黒ぼく土でない土壌）でも、有機物が増え物理性が整うと、排水性と保水性が良くなり、同じような黒っぽい土になる。

だが、スコップで掘り下げてみないと、その土がどのくらいの厚みがあるのかは分からない。ほんの一〇cm程度の土なのかもしれない。もしくは四〇cmを超える深さまで整っているのかもしれない。

自分で土を作った場合、本当にいい土なのかどうか、どのようにすれば判断できるかというと、素人が化学肥料を使わずに、作物が立派にできてしまう土。それこそがいい土なのだ。仮に化学肥料を使うと、土の良し悪しに関係なく未熟な土でも作れてしまうから、いい土の目安にならない。

土の良し悪しに加えて、生育の前半、中盤、後半にかけての施肥もあまりよく分かっていない。そういう素人が、肥料を全く入れずに、水やりだけでかなりうまく作れてしまう土。例えば、ホームセンターで売られているプランター用の野菜培養土がいい例だ。

野菜培養土は材料と肥料を混合しただけなので、土壌病原菌がおらず、幾度も肥料が入れられず肥料濃度が高まっていない。ほどほどの土なのだ。だから水やりだけで十分な生育が可能なのである。

このように無施肥で一作作れるくらいの肥料の備蓄がある土というのは、ちょうど良い土だと言える。作物の種類にもよるが、プランターの土だけで数年無肥料で作ることも十分可能なのである。野菜培養土の質を保って数年無肥料で作り続けたければ、まず多収（たくさん収穫）しないことである。多収すれば、栄養バランスが崩れ、必要な栄養素（とくに窒素）が不足するからである。また一〇一ページ「施肥の見直し」で後述するが、最初は吸肥力の弱い作物を栽培し、徐々に吸肥力の強いものへと変えていくと良い。


熱心な農家は、毎年肥料を同じ分量で同じだけ作り、全てを圃場に投入する。だが、そういう人の土を分析すると、全ての成分において過剰か、かなり過剰、さらにカルシウム、リン酸は、極めて過剰である場合が多い。

さらに土のＣＥＣ（七ページ参照）を上回るようになると、肥料養分は土の中で余った状態になる。土の立場から言わせてもらうと、「もう肥料は欲しくない」と懇願するのだが、農家は「入れなければ良い物は作れない」という思い込みがあるので、必ず入れる。過剰と書かれた化学分析値を見ても、安易に信じようとしない。信じるのは長年培ってきた経験値と勘である。

そんな土で作物を作ると、作物はそれらを吸って満たされるだけでなく、必要以上に吸ってしまう。なので、作物内の栄養分もすぐに過剰気味になる。

過剰な養分を吸ってしまった作物は、生理障害を起こしてしまう。さらに害虫も早い段階からやってくるし、それが全体に広がるのも速い。やがて必ず農薬が必要になる。もしこれが農薬を使わない栽培であった場合、とても難しい局面となる。

こうした土で無農薬栽培をするのなら、まずは土壌分析をすべきだ。そうすれば、土の化学分析値がオール過剰状態であることが分かる。ここで無農薬栽培をしたら、必ず虫にやられてしまうだろうと想像がつく。この数値から、まずどういう病気や害虫の発生がいつ頃想定されるのか、そのためにはどういうことをしたらいいのか。土づくりの前にまず起こりうる状況を整理し、対応策をまとめた「栽培計画」を立てなければならない。

## 土ができるまで

土ができるまでの過程はまず、岩石が崩壊し水流で運ばれ、その間に削られ、さらに細かくなり堆積する場合や、火山灰として降り積もる場合、さらにはサンゴ礁の堆積した地層の隆起したものなど、地域によって様々である。

だが、いずれにしてもそれでは土と呼ばれるものにはならない。植物の種が何らかの方法で運ばれて来て、発芽し成長し子孫を残し、枯れ、再びその種子が発芽する。それを何千、何万回と繰り返していくうちに、当初はなかった土というものが徐々に厚みを増してくる。その土には地下のミネラルが含まれており、植物が吸収できる形で備わっている。これが土の成長である。さらに土の成長は植物だけではなく、地域に生息している微生物の働きによって促される。土着の微生物が、土地特有の土を作り上げているのだ。

さて土の由来を知るということは、今後土の量が増えるか減るかを知る手がかりとなる。土壌の生成は大きく分けると、運搬されずにその場で風化されて土壌になった残積土と浸食作用で運搬され堆積した運積土とに分かれる。運積土は、崩積土、水積土、風積土、集積土に分かれる。風積土（関東ロームのような火山灰の堆積）は地中深くまで同じ層が広がるが、河川の堆積した土砂は深いところと浅いところと様々である。浅い土は再び浸食され流亡すると、作土が減り下層土や基層が露わになってくる。

斜面に位置する畑の場合だと、褐色森林土がベースになることが多い。腐植は含むが表層は薄く、傾斜地なので雨で土が流亡する頻度が高い。だが、同じような土が底深くまであり、見かけ上、減るように見えない。

また河川の氾濫域にあたる堤内の農地は、土の流亡よりも土の流入が起きる。ただ頻繁に起きるものではないので、一定した増加とはならない。だが、そうした氾濫域は肥沃で良好な土質であることが多く、様々な作物の生育に適している。ともかく水害のリスクだけが大きな欠点である。

ところで、土の生成に共通するのは、土は下から変わっていくのではないということだ。自然状態では、落ち葉などの有機物が積もってできる。農家も自然状態と同じように地上部に肥料を施し、残渣をすき込み、さらには客土によって上から変えようとする。

このようなやり方で、「土づくり」はできているのだろうか。

案外、土づくりをしたと思っているのは地表に近い部分だけではないだろうか。下は根が届かないから関係ないと思っているのではないだろうか。下は手付かずになっているのではなかろうか。だが、本当に大きく変わらなければならないのは、上（表層）よりも下（下層）の方であることを忘れてはならない。

## 土の肥沃度と雑草

いい土を探そうとする場合、見渡す農村景観から土を見ようとしてもなかなか見えるものではない。作物や雑草が覆っているからだ。農家が作を終えてトラクターで耕した後でないと、土は表面に現れてこない。だからほとんどは、土を見るというよりも、育っている作物を見て土を想像することになる。だが土をじかに見るよりも、作物や雑草の姿から推察した方が、土が正しく見える。

植物の種類から、土の状態を判断する。酸性かアルカリか、肥えているかやせているかの違いが雑草から判断できると言われている。だが、それは当たらずとも遠からずの正答率で、例外はいくらでもあり、鵜呑みにすると間違える。

まず、畑の中だけにとどまらず、周辺には無肥料なのに育っている雑草がいくらでもあるということに目を向けて欲しい。肥料など入れていない畦畔（田畑のあぜ）や法面（農地に隣接する斜面）に、いくらでも生えている。肥料を入れていないのに、土が肥えているの？　と思いたくなるような立派な草姿に成長している。

雑草は毎年最高のパフォーマンスで、成長し子孫を残している。目一杯根を伸ばして養分を獲得し、他の雑草よりも一節でも高く光を求め上へ伸びようとしている。そうしてできた草の姿を見て欲しい。

それが植物図鑑に書かれているように、その種類が持つ本来の草丈、葉の大きさであるのなら、それは土の中に肥料養分が十分あるということだ。もし仮に標準よりも草丈が大きく、葉も大きいようなら、肥料養分が過剰にあるということになる。逆に小さいようだと、肥料養分が少ないか、あるいは土が踏み固められて根張りが悪いということになる。

だから土を見なくても、生えている植物の大きさが図鑑と比較してどうかということに注意すれば、ある程度推察することができる。日頃から、雑草の名前とその大きさをよく観察しておくことである。それによって、土が肥えているかどうかが見えてくる。

## 土を触ってみる

「土を触ってみて」と言われたら、表面にある土をつまんでみるのがほとんどではなかろうか。植物の根は、養分を吸収する目的だけでなく、地上部の茎を起立させるための土台の役割もある。もし表面近くに根を張った浅い土台であれば、茎は風で簡単に倒伏してしまう。だから、深いところまで根をおろすことができれば、地上部をしっかりと支えることができるようになる。

土台となる土の中程、つまり五cm以深でなければ根は存在しないし、一番多くの根があるのは、ロータリーの爪が届く一〇から一五cmの範囲である。だからスコップなどの道具なしには、「植物のための土」を触ることができない。

根の量の一番多い（根が一番育っている）深度の土が、作物が育っている土であるという認識を持ってもらいたい。表面の土を撫でるように触っても分からないのだ。

まずは、二〇cmほどの縦穴を掘り、作物の根があるところの土を、指の腹で押してみる。どのくらい凹むのか。そしてもっと深いところまで掘って、同じように指の腹で押してみる。こ

**図６**　香川県の農家のブロッコリー圃場で、土壌医の勉強会が行われた。地上部は立派なのに根は浅くわずかしか見られないが、化学肥料ならこのくらいの根でも十分作れてしまう。

れを三から五ヶ所でやってみる。

一番底は根がほとんど見られないところになるが、そこを指の腹で押す。硬土計で硬さ（土の緻密度）を測定すると、25㎜以上あるはずだ。25㎜以上あると根が伸びることはできない。よって、この硬さを覚えておくと、指の腹で押すだけで、大体の緻密度が予想できるようになる。

また、それぞれの地点の土を指でつまんで、両手の手の平でこよりを練ってみる。形が崩れないように力加減を注意しながら細くなるように練り続ける。そしてその太さがこれ以上細くならなくなった時の太さを調べる。棒状にならない場合もあるが、棒状になった時の太さは鉛筆くらいの太さ、マッチ棒くらいの太さ、こよりくらいの太さに区別される。その太さはそのまま砂と粘土の比でもある。細くなるほど粘土が多いことになる。

三から五ヶ所の地点で、どのような違いがあるか。どの圃場にも共通する確実な傾向がある。それは、上ほど指で押して柔らかく、太さも太い、下ほど硬く、太さも細いということだ。

つまり上の層は粘土に対して砂の分量が多く、下の層には砂が少ない。根がたくさん育っている範囲が一〇㎝ほどのところに狭く密集している。これは、日本全国で同じような状況になっている（粘土が明らかに少ない砂土は別）。

この状況でも作物は作れてしまうが、作るには化学肥料を使う方が望ましい。一方、有機農業にとっては決して良い状況ではない。浅くて少ない土では難しいのだ。

堆肥を入れ続ければ土は作られると言われているが、それには数年を要するし、緻密な深層まで土壌構造を発達させることはできない（注：太陽熱養生処理を正しくできれば、深層まで発達させることができる。太陽熱養生処理については、第４章で詳述）。

## 2　いい風を探す

## 風の通り道を見る

日々暮らしていると、朝から夜にかけて、どの時間帯にどういう風が吹くかを体が勝手に覚えるようになる。海の近くに住む人、山奥の急斜面に住む人、都会に住む人。なんとなくこの時間帯になると、風が吹くという感覚は日常的に養われているのではないだろうか。

夏は風が止むと気温が上がり、風が吹くと気温はやや和らぐ。このことは植物において重要な要素で、そよ風くらいの風が吹いた方が光合成は活発になる。葉面境界層と呼ばれる葉と空気との数ミリの空気の壁が薄くなると、表面の抵抗値が下がるから（オームの法則と同じく、抵抗が下がると電流が流れやすくなるように）、光合成が盛んになる。ただ夏の高温が続いて土が乾燥している時に吹く風は、植物に大きなダメージを与える。みるみる葉が萎(しお)れていくのだ。

風はもろ刃の剣である。土壌水分と大気中の湿度があれば植物にとっていい条件になるが、少ないと悪条件になる。農場のどの方向からどんな風が吹き抜けていくかを見て欲しい。植物にとってそれは必要な風なのか、不要な風なのか。場合によっては、風上に、風を和らげる緑肥や樹木を植えなければならない。

高知県佐川町(さかわちょう)にある新高梨の果樹園。園地の周囲には、イスノキが植えられている。強風

**図7**　果樹園を風害から守るために植えられたイスノキ。後背の梨園は更新のため伐採されている。

でしなる柔らかさが特徴で、柔構造による効果で強風をうまく逃す。防風林の場合、高さの五倍までの距離（風下側）は風が弱まるが、その先の一〇倍になると元の風の強さになる。しなることによって、気流が不安定になり、風の力が分散されて弱まるのではないかと考えられる。

季節で見た場合、冬には、風が吹き抜けるところは植物の成長が遅い。気温が下がるからだ。冬期に起きる水道管の破裂も、風が抜ける裏口で起こりやすいらしい。このことから冷たい風が、水道管と同様に植物から体温を奪っていると思われる。

逆に風がさほど吹かず、陽だまりのように日中の日差しを受けるところは、当然ながら植物の成長が早い。陽だまりがある場所は、大概北側に建物や山や土手などの斜面があるか、もっ

**図８**　南東斜面の段々畑。撮影場所の後ろは、養殖業が盛んな湾が広がっている。海面からの輻射と南東向きの好条件が揃っている。

と小規模な例だと石垣や生垣などが北側にある場合が多い。そういうところの前面つまり南面で、北西の風が当たらない場所は、冬の作物を育てるには最適の場所である。

現在は耕作放棄地になっているが、以前、高知県須崎市では太平洋に面した湾を見下ろす小高い山の段々畑で野菜が作られていた。その数、上から下まで二〇段以上。そこではいつも冬にエンドウが植えられていた。湾からの暖かい風と海面の強い光の反射。そして何よりも南東斜面にその段々畑があるから、北西風の影響は全く受けないのだ。言うまでもないが、ここの生育は、冬に温暖な高知県内でも断トツに早かった。

## 強風への備え

強風が吹く場合、作物に多大な損害を与える。全てをなぎ倒す台風だけでなく、冬の発達する低気圧、さらには五月のメイストームも侮れない。

強風が吹き抜ける場所は、たいてい見通しがよく、朝から晩まで日光を遮るものがない平場であろう。こうした場所では、打つ手がない。ソルゴー障壁や防風ネットなどではとても対処できるものではない。風で倒伏してしまうからだ。

台風による倒伏を避けるのに、ネットを平行に張って作物を守る方法が、強風地帯には欠かせないが、栽培場所を選べるのなら、三方や四方が建物や樹木に囲まれた畑を選ぶと良い。筆者が所有している農地の中にはそういう場所もあるが、これまで台風による被害が少ないように思う。

周囲を囲まれている農地、それはすなわち日当たりも悪く誰からも条件不利地と呼ばれる場所であるが、それはあくまで平穏時の話であって、強風が吹き荒れる危機的な状況下では、条件有利地へと変わる場合がある。

条件有利地は、台風による被害が少なく、台風後の市場の野菜の高値の恩恵を受けることもありうる。

ハウス栽培では強化型のハウス構造にする、ハウス内を陰圧にしてハウスフィルムの膨らみを抑えることで強風被害を軽減させることができる。だが、露地栽培で安定的な出荷をするには、様々な条件の農地を有することが大切である。つまり多様性のある経営にすることである。

## 標高と風

標高が高くなると気温は一〇〇ｍで〇・六度低下する。このため標高と気温は密接な関係にある。ただ平野においては、一〇〇ｍの高度差のある二つの農地を持とうと思えば、数十キロメートル以上の移動が必要となり、非現実的である。だが、山間地に入ると短い移動距離で標高が上がるので、標高差を利用した二つの場所での栽培が可能となる。また、夏のみ標高の高い山間地で農業を営み、冬には標高の低いところで栽培をするという営農パターンもある。

標高が上がるにつれて農地も少なくなるが、生えている植物の種類が変わることは農業にとっても大きな違いとなる。農業にとっての違いとは、作物の適性が変わるということでもある。育種においては、品質改善だけでなく耐病性を高めることが、品種改良の目的となる。もともと原種の生息地は、標高が高い場所にあることが少なくない。それを品種改良して、病害虫の多い平地でも栽培できるようにしてきた。だが元々の原種を平地に持ってくると、途端に病害虫に侵されてしまう。

特に在来種（高知の山間地には多数の在来品種がある）として育てている品種は、土地が変われば全く別の物に変化していく。在来種の良さが失われてしまうのは土のせいというより、そこの風（空気）が変わることが大きいのではないかと考える。だから標高の高いところで育てている在来野菜は、気候が似たところで育種していく必要がある。

他にも地球温暖化で、これまで適地だった平地での栽培が難しくなるだろうと言われている。適地を求めて日本列島を北上すれば良いかもしれないが、あまり現実的ではない。山地が多い日本である。標高を上げて栽培適地を中山間地に求めていくのも、これからの農業には必要な選択肢なのではないだろうか。

さて農業の違いは、植物の分布だけでは説明できない。それ以外にも、標高に合わせて変わるものがある。昆虫の生息分布である。個人的には、植物よりも昆虫の方が分布域の違いが明確であるように思う。

移動性が優れている昆虫は、分布域の違いは現れにくいように思えるが、移動性がある分、より適性の近いエリアに集中するのではなかろうか。

## 3　いい光を探す

## 日照の過不足に気を配る

植物の葉は、光を直角に受けるべく、太陽光の向きを常に気にしている。葉の中に仕組まれたセンサーが葉を動かす指令を直接、葉の動力部に送っているのだ。

青色光が気孔を開かせることもよく知られている。日の出から徐々に太陽が高くなり、日射が強まると、それにつれて青色光が増えてくる。植物は青色光を浴びることでスイッチがオンになり、気孔が目を覚ます。

このように葉の遺伝子の中には、日射に反応する情報が書き込まれている。

大雨の最中、湿度が高くなり植物体内の水分も高まる状態になると、気孔は開くが蒸散することがないので、植物内の水分の増減はない。つまり根からの吸い上げを止めてしまう。その後、急に強い日差しが降り注ぎ気温が急上昇すると、空中湿度が急激に下がるので水分蒸発を抑えるために気孔は閉じてしまい、水分が減った植物の細胞（風船）はしぼみ、光合成を拒絶するかのように、太陽光に背を向けるような姿勢をとる。真夏の昼間でも同じようなことが起こる。この対策としては、雨上がりに水を葉面散布すると、葉の周辺の湿度が上がり、気孔が開いて根が水を吸い上げ細胞が膨らみ、葉を再び直立させることができる。

このように植物は自分の水分のあるなしによって、太陽光を必要としたり、拒絶したりするのだ。

また光が足りずに求めている時には、光を補ってやる必要があるし、有り余る時には遮ってやる必要がある。この補助をするのは栽培者である人間の役目である。

ところで、その光が農地に降り注ぐ強さや時間を気にしたことはあるだろうか。

当然であるが、夏は長時間光が降り注ぎ、冬は光が弱く光量が少ない。言うまでもなく植物の成長にも関係する。夏の生育は旺盛で、活動量が多く、実もたくさんつける。つまり体内で必要となるエネルギーの元になるデンプンを、短かい時間で大量に作ることができる。午前中の時間だけで、冬の何倍もの仕事量をこなすことができる。そのくらい日射が強い。

## 平面受光か立体受光か

光はたくさんの葉で受けた方が良いと考えられがちだが、夏の強い日射と冬の弱い日射では全く考え方が異なる。

強い光は小さな葉でも十分で、なおかつ葉が少なくても植物には足りる光量となる。だが弱い光だと、小さな葉では不十分だし、葉が多くないと、植物には光量が足りない。

光をたくさん受けたい場合には、光が地表面に無駄に当たらないように、降り注ぐ光を出来るだけ多く葉で受け止めることである。そのためには、葉が圃場の地表面を覆う割合を高くすることである。

冬の施設栽培の樹の畝方向を見て欲しい。そこは南北畝を厳守している。東西畝だと、最高高度の低い冬には、前に位置する作物の陰になってしまうからだ。こうならないようにするのが、畝の方向である。背丈が高くならない葉菜類なら問題ないが、果菜類では必須である。

これは光を樹全体に導くためである。さらに冬の仕立て方としては、なるだけ光をたくさんの葉で受けるように葉の数を増やすことも肝要である。そして大きく活動的な葉に育てることである。このことで受光面積が増えるため、光合成量が高くなるのだ。葉の大きさと数を増やし、それぞれが光を受けられるように誘引角度をつければ、立体的に受光できるようになる。

施設栽培の先進地オランダでは、高緯度のため光がとても貴重であることから、こうした立体受光の考え方が基本になっている。誘引を工夫して下位葉に直射光が当たるように仕立てをするのだ。

逆に夏になると、光量が多くたくさんの葉面積で受ける必要がなくなるので、葉の数を減らし、蒸散をなるだけしないように、光もなるだけ平面で受けるようにする。つまり上位の葉の影が下位葉に落ち、さらに下の果実を隠すように、最小面積の平面で覆うのだ。これがもし冬の仕立てのまま、立体的に樹全体で強い光を受けてしまうと、実の日焼け果を発生させやすくなる。

## 光と同じくらい陰も必要

地球に降り注ぐ太陽光は一・九四カロリー／㎠／分である。つまり一分間に一ccの水の温度を約二℃上げるエネルギーが地球に届いている。このエネルギーは、土を温め、空気や水を温める。

特に農業においては、土が温かいということは利点であり、一方で害にもなる。

冬の間温められてきた地温は、春になるにつれて徐々に高まり、植物の種子の発芽温度に近づいてくる。そうすることで春に蒔かれた野菜の種が発芽するのだ。

一方、害になるのは、夏である。

高知県は全国的に最も早くハウス温室で促成栽培を始めた県である。世界的には高緯度の寒冷地でハウス栽培が始まったが、日本は逆である。冬場の温暖な気候を利用するために、始まった経緯がある。ところが最近では、長期展張フィルムで栽培している農家が、夏季に日没後も地温が下がらないという悩みを抱えている。そのため地下にパイプを通し、水を流して地温を下げる設備を導入しているのだ。

比熱の違いから、空気は最も温まりやすく、冷めやすい。次に水、最後に土である。土はなかなか温まらないし、冷めない。そのくらい緩やかに推移する。このためタイムラグが生じるのも特徴である。夏至から一ヶ月後には気温はかなり高くなるが、水温や地温はもう少し遅れてからとなる。冬至の場合も、冬至から一ヶ月後くらいが最も寒い時期になるが、それからさらに遅れて水や土が最低気温になる。

土の温度が最高に高い八月と最低の二月は、地域差があるが、地温が作物の生育に適さない時期となり、播種にも適さない時期である。野菜の販売面で見ても、この二つの月は端境期になる。野菜が最も市場に出回らない時期と一致しているのだ。太陽光による温度維持ができない二月には、化石燃料や木質バイオマスを使った暖房機などで、気温を維持するしか方法がない。

そこで重要になるのが、陰の存在である。どれだけ陰を夏至の時期に作れるか。また冬至にどれだけ陰をなくして、保温ができるか。この二点が端境期に野菜をうまく作れるようになる要点なのだ。

陰の作れる畑か、作れない畑か。そのあるなしで、誰もが作物を作れない時期に作れるようにすることができる。つまり他の人と比べて、栽培が容易（たやす）くなるのだ。

## 4　いい水を探す

### どこから来た水か

水田では、年間を通じ流れている水路から水口栓を開けることで水を得る場合もあれば、栽培期間中のみ水利組合の運営によって農業用水を使える場合もある。日本全国様々だ。

火山岩地帯を流れる河川水にはケイ酸がたくさん含まれており、水稲栽培には好条件となる。だが、ここ最近では水のＰＨが高く、ケイ酸濃度が低くなっている場合もある。また石灰岩の採掘場が上流にある地域では、石灰成分が農業用水に含まれることもあるし、蛇紋岩の多く分布する地域ではマグネシウムが含まれる。マグネシウムは光合成を盛んにすることから、良質な米づくり（マグネシウム÷カリウムの割合が高いと旨い米が作れる）には、非常に重要な成分なので、地域によってはこの特性を生産組合のキャッチコピーにしている場合がある。

さて、このように水＝田んぼのように思えてくるが、畑や樹園地においても水の供給元がどこであるかが、非常に重要である。中でも水のＰＨが大切である。

流水ならあまり問題が起きることはないが、貯まった水は色々な問題が起きる。以前にトマト農家から、生育が悪いのは肥料が問題ではないかと相談を受けたことがある。調べていくうちに、そこで使われている農業用水は山から湧き出た水を貯水プールに貯めて使っており、その水のＰＨを測ると九近くあったのだ。アルカリ性が原因だった。アルカリ性だと吸収がされにくいミネラルがある。それに加えてアルカリ性に偏った有機物は腐敗しやすい。腐敗した水は正常化しにくいので、できたら畑には用いたくない。とりあえず灌水の際に酢を混ぜて、ＰＨを元に戻すことが先決だという結論になった。

最も良い水を使いたければ、天然林や広葉樹林の山から流れ出てくる水が一番望ましい。それらの水には、森の中のフミン酸によってキレート化（注：ギリシャ語でカニのハサミという意味で、吸収されにくい養分をアミノ酸や有機酸でカニバサミのようにはさみ込んで、吸収されやすい形に変えること）された鉄などが含まれているからだ。

## 灌水と排水

水は貯めてはいけないということを述べたが、それは圃場の中でも同じである。なるだけ余分な水は流すことが大切である。余分な水とは団粒と団粒の間にある水で、それらが流れてくれないと土壌中の水分が高くなりすぎて、根が酸素欠乏になる。この団粒と団粒の間の水を重力水と呼ぶ。これらは排水されるべき水である。排水されることで、水があったところに地上から空気が流れ込んでくる。そうすることで根は酸素を吸って再び元気を取り戻す。

だが、この重力水が単調な土壌空間では、表層では早く流れ去り、下層にとどまってしまう。あたかも三面張り水路（勾配がある上流は流れが速く、勾配の緩い下流はとどまる）のようである。そこは生物が棲める環境ではない。生物を豊かにするには流水の働きが不可欠となる。

一方で土の中の水分は、団粒の中にあり、それらは毛管水と呼ばれる。これを植物は吸水する。ＰＦメーター（土壌水分計）で測定できるので、その数値を常に確認して生育に適切な水分量を把握することが重要だ。

団粒は非常に細かいので、実際に毛管水の存在を見ることはできないが、重力水は見ることができる。十分な灌水をした後で、土を掘り起こして見ると、水がある。それらは重力水という名の通り、重力に従って下方向へ流れていく。

だが、この水は下層土に流れ、さらに下へ浸透し、硬い盤までたどり着くと、流れがせき止められてしまう。せき止められた水は行き場をなくし、その場にとどまる。とどまった水は水を貯めたプールと同じで、そこに土壌中の過剰な塩基が溶け出すとアルカリ化していく。もしそこに未熟な有機物があり気温が高くなると、腐敗細菌によって腐敗が起き始める。

腐敗細菌は中性から弱アルカリ性で、温度が三〇から三五℃の範囲、そして酸素が少ない状態で活発になる。ちなみに、糸状菌や酵母菌は弱酸性を好む。排水の悪い圃場で腐敗臭（メタンや硫化水素による悪臭）が起きるのはこのためだ。事前に排水対策が取られていれば良いが、できていないと、それらは幾多の問題を引き起こす。

余談であるが、ぼかしを作る時にコンクリート盤の上で作るとコンクリート（アルカリ性）に接した面が、黒く変色する。これはアルカリ性に反応して腐敗細菌が活動したため、硫化水素が発生し黒くなるのである。だからぼかしづくりはなるだけ納屋の土間のようなところでやると良い。土には過去に活動したぼかしの菌が付着しているだけでなく、湿度を適度に保つ働きがある。

図９　45ｃｍの深層に弾丸暗渠を作り、その穴に籾殻を充填していく機械。これによって表土に降った大量の雨は、暗渠に集まって下流側に排水される。

下層の水が流れるように土地改良をする場合、暗渠を設置し、深い溝に炭や籾殻を敷き詰める方法が用いられる。これによって、作土の水の流れを変えるだけでなく、根を底深くまで伸ばすことが可能となる。

## 十分な湿度はあるか

施設栽培では、必ずハウス内に

温度計がいくつか吊られている。湿度計がセットになっているものを使っている人も多い。温度は下がりすぎないように確認する必要があるので、農家は暖房機の運転の目安にする。だが、湿度は気にしない人が多い。温度が上がれば湿度が下がり、夕方になり気温が下がると湿度が上がる。温度だけを見れば連動する湿度が感覚的にわかるので、管理は十分だと思われているからだ。

温度が下がることで、空気中の水蒸気が凝結する。逆に温度が上がると水が気化する。これを農場内の水が繰り返している。水蒸気になった水を植物は捉えることはできないが、葉の表面に降りてきた水分は表面をうっすらと覆い、朝、気孔を開きやすくし葉の蒸散をスムーズにさせる。

熱心に温湿度計を見る人は、植物の光合成が活発になっているかどうかを、飽差（空気中に水分が蒸発できる余地）の考え方に基づいて判断している。気温が低くなれば、湿度を下げても良いが、気温が高いと湿度を下げてはならないのが原則である。

では湿度が低くなる理由として何が考えられるかというと、ハウスの換気口の開放がある。ハウス内の温度を下げることに合わせ、病原菌を活発にしないように湿度を下げる目的と炭酸ガスの交換のために、換気を行う。そうすると一気に湿度が下がる。

ところで、換気によって光合成は活発になるのだろうか。炭酸ガス濃度が外気並みに戻り光合成を盛んにさせる効果はあるが、湿度の面から見れば逆に、湿度が下がることで、葉の蒸散が鈍くなり、光合成が不活発になることがある。外が雨で外気の湿度が高い場合は別として、乾燥状態にある時には、換気によってハウス内の湿度は急激に下がり、光合成が不活発化する。その場合には、ミスト灌水などを行うことで、湿度を維持してやる必要がある。

## 5　いい動植物を探す

### どんな草が生えているか

多くの農家が動植物といったものに目を向け、それらが農業生産に複雑に影響を与えているという認識を持ってくれたら、もっと農村生態系を基盤に据えた農業についての考え方や技術が、体系的に進歩するのではないかと考える。

多くの農家は、空を飛ぶ鳥や畑の脇に生える草に無関心で、それらに対して全て、「あっ鳥」「なんだ雑草か」といった見方しかできない。どういう鳥がいて、その鳥がいるということはどんな環境になっているのかという方向に思考が展開していかない。

川では鮎が戻ってきたという記事をマスコミが取り上げる。鮎は美しい川の代名詞だ。同じように、鳥や昆虫や草も環境の指標となるのだ。

農村生態系は、土をはじめ様々な空間に生息する、多くの種によって構成される。生態系を構成する種として、どんな生き物がどのくらいいるかを把握することがまず重要である。

田畑に生える雑草は、十年ほどで大きく様変わりする。地球規模の気候変動による影響よりも、人為的な部分が大きい。人為的な部分とは、作物の種類や作型が固定されている圃場では、栽培パターンに適合してしまった雑草だけが増殖するし、除草剤に対する抵抗性を持った雑草が増えていることが挙げられよう。さらに労力面で高齢になり、作業する面積が減り、作業そのものができなくなり、最終的に放棄されると、繁殖性の高い雑草が生い茂ることが多い。

雑草でも、主たる作物の生育にほとんど影響のない種なら問題ない。例えば春の雑草であるナズナ、オオイヌノフグリ、ホトケノザ、スミレなど。これらは草の根が成長することで、土をふかふかにしてくれる。

けれども、夏草に代表されるメヒシバのようなイネ科が根を伸ばして肥料を奪ったり、スベリヒユのようにアレロパシー（他感作用）によって生育抑制がされたり、ヤブガラシのようにつる性で背が高くなり日射が遮られたりといった問題が起きる場合は、除草されなければならない。さらに地下茎が発達するスギナや、種が飛散して地下深部で発芽する爆弾草の異名を持つムラサキカタバミも難駆除雑草である。

このところ厄介な種が多くなり、雑草を残したままの不耕起栽培が難しくなってきている状況があるように思う。自然農や有機農業において、以前よりも除草作業が増えてきて、作業が順調に進まないこともあると聞く。いっその事、もう草引きをやめて放任栽培をしようと考える人も多いようだ。

一体、どういう種類の草が増えているのか。図鑑を片手に調べてもらいたい。さらにその出現時期や、被度（植物群落が地表を被う割合）であったり、どういうふうに植生遷移（植物の種類が時間とともに移り変わる様子）してきているのか。こうしたことが分かれば管理をする上で、除草する必要のない種、つまり放置しても大丈夫な種が中にはあることがわかる。

今や、「なんだ雑草か」ではすまされない時が来ているのだ。

## 害虫以外にも目を向ける

日々の観察では、雑草と同じく、昆虫や鳥類にも目を向けるようにすると良い。農家は害虫の名前はすぐに覚え、日々の作業の中で、真っ先に葉の上の害虫に目が止まるのだろうが、害虫以外の種を見る意識も必要だ。

十月末、夏に四国の高山でしか見ることのできないアサギマダラがハウスの上を飛んでいた。

アサギマダラは渡りの蝶である。これから海を渡るために、山を下ってきたのだろう。気温が下がり始める予兆である。週間天気予報を見ると、翌週から最高気温が一段と低くなっていた。

鳥類では、春から初夏にかけて野鳥が畑周辺にやってくる。中でもシジュウカラのつがいは子育て時に一日五〇〇匹もの昆虫を巣に運ぶと言われている。実際に咥えて運ぶところを見たことはないが、ツバメと違って地面に降りてからの動きが敏捷なので、畑周辺で虫を追いかけているようである。

カラスやハトや雀たちはあちこちで日常的に見られ、撒いた種や収穫間近の作物を荒らしていく。それらが急にいなくなることがある。あたりを見回すと、上空を見慣れない影が滑るように飛んでいる。ハイタカという小型の鷹が冬になるとよくやってくる。そうなると一週間くらいの間に、農道や田んぼで抜けた大量の羽毛が見られることがある。カラスやハトの羽毛のようだ。ハイタカに襲われたのだろう。

このように当たり前の日常の風景が、昨日と今日、今日と明日では異なるのだ。植物の一日の中の変化はゆっくりで小さい。けれども、昆虫や鳥などは日々移り変わる。種の変化はそのまま生態系の変化でもある。

スイスやドイツでは、近自然型の農村づくりにおいて、タカの止まり木を設置する取り組みが見られる。タカを保護するのはモグラの退治が目的である。タカは生態ピラミッドの最上位

**図10**　堆肥から出た黒い液に集まる蝶。手前はカラスアゲハ、奥はアオスジアゲハ。

に位置するために、安定した農村生態系を評価する上でのバロメーターになっている。

農家がよく口にする「作物を頂点とする考え方（生態系）」からすれば、カラスやハトは害獣扱いとなる。だが、彼らが食しているものの中には、作物を食い荒らす芋虫類もいたりする。生態系の頂点に作物があるという考え方を捨てれば、彼らも時として益鳥であったりするのだ。

他に、生態系としての話題ではないが、図10の写真のように、毎年暖かくなると、積み上げた堆肥から流れ出る液体に、蝶が幾匹も群がる。この液体には、どうやら糖分が含まれていると思われるのだが、水溶性の炭水化物であるという説もある。このように自然界の何気ない様子から、特殊な分析器を用いなくてもそれが優れたものであるかが判別できるのである。

## 希少な生物を守る

レッドデータブックに掲載されているような絶滅危惧種に限定する訳ではないが、滅多に見られない生き物が、農場周辺にいるかどうかということにも関心を抱いて欲しい。それらは農業にとって大して重要なことではないかもしれない。日常的に見られる生き物や草木だって名前が分からないのに、目にしたものが希少かごく普通にいるものなのかを判断するのはもっと難しいだろう。

例えば、コオイムシという昆虫がいる。五月の田植え時期から稲刈りの時期にかけて田んぼでよく見られる。だが、このコオイムシは、高知県だけでなく全国的に準絶滅危惧種になっている。そんな希少なコオイムシを、たまたま見かけたことがあった。高知ではタガメがほとんど見られなくなっているので、一瞬タガメなのではと田植機の上から目をこらしたのだが、よく見るとそこら中にいて、中には背中に卵のようなものを背負っているものもいる。これはなんだろうと調べていくうちにコオイムシだと分かった。そうすると、それまで全く気づかなかったのに、毎年のようにコオイムシが生息していることに気づくようになったのだ。

他にもホウネンエビという田んぼに生息する甲殻類が、代かき後一週間経つと孵化する。大量にいるにもかかわらず、この存在に近所の農家の誰も気づいていなかった。そこで五年間ほど、地域の農家や子どもたちを集めてホウネンエビの観察会を続けるうちに、誰もが知るよう

**図11**　市ノ瀬資源保全の会の活動。初めて見る田んぼの虫に子どもたちは興味津々。

になり、それからはいろんな農家さんが、「今年はうちの田んぼでこじゃんとわいちょった（たくさん発生していた）」と自慢気に語るようになった。「農薬を減らした甲斐があったね」と言ってやると、「そうよ。うちは農薬の回数を前より少なくしたけ」と自分の農法を誇らしげに語った。

希少種の存在が認知されたことの意義は大きい。米を高く売って収入を増やすのが難しくなった今、農家の心を潤すことができるのは、こうした成果なのかもしれない。けれども、この成果こそが、農村を良くしようという地域の取り組みにつながっていくように思う。

## 6　作物を観察する

### 作物データを取る

日常的に作物の地下部を観察するのは、土耕では難しい。水耕なら、ＥＣ（電気伝導度。土壌中の水溶性塩類濃度のことで、高くなると生育不良や発芽不良となる）やＰＨ、根量などを随時調べることができるし、それらのデータをＰＣに取り込み、グラフ化が可能だ。だから水耕の方が、作物の生育管理をプログラミングして、環境や施肥量を自動制御するには適している。

土を用いる栽培は、やはり地上部の姿から診断して、栄養状態を推察していかなければならない。それには日々の観察が何より大事である。

近い将来、地上部の観察もやがて農業ＩＣＴが取って代わる時代になろうかと思う。生育状態を全てセンサーによってデジタル化して、ＡＩを用いて予測し、予測に近づける栽培管理をする時代もそんなに遠い話ではない。そのためのリテラシーを身につけることが要求されるようになってきている。農業の変革である。けれども導入できない農家や趣味の園芸では、そういう最先端技術があると知っていても、易々と導入する訳にはいかず、昔ながらのアナログ的な方法、いわゆる勘を頼りにやっていくしかない。

さて、そのアナログ的な方法であっても、センサーがデジタル同様に必要であると言える。このセンサーとは、何も「状態を数値化する機器」だけを指して呼ぶのではない。栽培者に備わっている目線もまた、センサーだと言える。センサーの調査対象は人によって様々であるが、ここでは筆者のセンサーを簡単に説明する。

意外かもしれないが、第一に、実を見ないということである。実を見てしまうと、実の情報が優先して葉が後回しになってしまう。だからまず葉を見る。葉の状態が改善すれば、実は良くなるし、悪化すれば実が良くなることはない。葉は、家計でいうところの安定した収入と理解すると良い。実は収入を使って行う暮らしに該当する。

葉の色・光沢・大きさ・新梢の伸び・高さ・時期によって異なる葉の枚数など、こうした情報を元に理想的な成長をしているかどうかを見る。理想の成長曲線に合わせることが大事だが、それよりも大事なのは、何かおかしくなり始める予兆を探すことだ。

その予兆が、畑の中の三万本の中の一本だけの変化ではすまされず、全体的な変化になる可能性だってある。数日後、一週間後に全体に広がり悪化している可能性がある。これを未然に防ぐために、その微妙な変化に気づくことだ。

逆に、悪かった葉の状態が良くなる兆しというのもある。その兆しが続くと必ず数週間後には実も良くなる。

## 生理障害を見る

土の養分の過剰や不足によって起きる作物の異常な状態を生理障害と呼ぶ。病気と酷似しているので判別が難しいと思われるかもしれないが、分かりやすく喩えるなら人間でいうところの未病みたいなものだ。

理由は分からないが不調を感じる。頭痛、肩痛、腰痛、めまいなど、どこが悪いかは病院で特定が難しいのだが、裏に潜む病気が進行しようとしている状況が、まさにこの生理障害と同じであると自分は考える。

生理障害を引き起こしている作物は案外、罹病しやすくなるし、害虫にもやられやすいように思われる。つまりは免疫性が落ちているということなのだろう。

前述したように畦畔や法面には、病害虫とは無縁の雑草がたくさん生えている。不足するミネラルもあるはずなのに、それなりに成長し種子をつけている。低ミネラルでも成長は十分可能であることを立証している。

栽培される作物は積極施肥という過保護に育てられた結果、ミネラルのアンバランスと許容範囲の逸脱から、生理障害が強く現れる。さらに良くないことに、土壌分析値を適正範囲に近づけるために足りない肥料要素を補おうと、単肥ではなく（過剰状態にある）不要なミネラルの混合された肥料を使い、偏りの傾向が強まることもしばしば起きる。消極施肥を心がければ、もっと生理障害を避けられるはずだ。

事実、畑の脇に一人生えした作物が何の管理もされないのによく育って、実をたくさん付けることがある。種や肥料がなくても、畑から拡散した種と肥料で十分育つのだ。

第4章で詳述するアクセル系肥料とブレーキ系肥料。この両者はそれぞれ養分不足の場合、障害が発生する箇所が異なる。

アクセル系では、根元に近い方。ブレーキ系では先端に近い方に障害が発生する（注：マンガンだけはアクセル系だが、先端に出る）。異常な葉や実の場所が、まずどちらにあるかを見る。そしてその部位であるが、アクセル系は下の葉を見る。ブレーキ系は新梢、果菜類の実の下部、結球類や根菜類では中心部となる。中心部の異常は外見では判断がつきにくいが、肌艶が悪く、肥大が弱くなるので、そうしたところから異常を見つけることも可能である。

## 葉の大きさ、匂いに注目

定植後、朝に現れる葉露は活着した証であり、葉はピンと斜め上方向に立っている。このような葉の様子は日々観察できるが、葉の大きさ、厚さなどの形態ではなく、こうした様子が形態よりも大切であると考える。

トマト青枯病菌や萎凋病菌による葉の萎れは、最も気がかりなところなので、毎日目を光らせる。だが、罹病して起きる萎れではなく、葉の垂れ方や、圃場全体に作物が放つ匂いといったものに注意をすれば、作物の健康度を見る目安となる。

それならば、ほとんどの人がこう思うだろう。葉は垂れているくらい大きくて重い方が良くて、匂いもその野菜の匂いが圃場全体に満ち満ちている方がいいに決まっていると。

では実際にそうだろうか。葉が大きくて重量があることが本当に健康の証なのだろうか。また匂いを放つほど、健康なのだろうか。

実はそうではない。第3章で詳述するが、健康な作物は、葉が垂れるほど巨大化しないし、鼻を近づけないと匂わない。目をつむったまま圃場の入り口に立たされても、中で何を作っているかが分からないというのが理想である（ハーブなどの香草でも、匂いが薄い）。

実際は、目隠しされて圃場に行くものではないから、近づくにつれて見えてくる作物の匂いがしてくるような気になる。それが限りなく匂ってこない圃場の方が、実はいい管理をしているのだ。

また圃場の異変を察知するには、一番暑い時間帯に様子を見ることが大切である。早朝だと、どこも艶やかで葉は朝露を抱いて、朝日に神々しく輝いている。そのため朝どり野菜が出回るのは理にかなっている（注：実際のところ、葉物に関しては夜間の呼吸で糖分が消費されるので夜間に入る前の夕方の方が、ビタミンなどの栄養価が高く硝酸態窒素も低く、保存性が良いというデータがある）。そういう野菜を見ても、どれも元気なので、違いが見られない。やはり一番、植物がしんどくなっている時間帯に見に行くべきである。

昼の一時頃が最もしんどい時間帯で、ほとんどの葉がぐったりしているだろう。そういう状況を見ていると、昼間だから当たり前だと思いたくなるが、そういう時こそ、圃場の脇を見て欲しい。雑草はぐったりしているだろうか。葉が垂れてしんどそうにしているのは圃場内だけで、圃場の外では、雑草たちが少しでも頑張らなければと元気一杯だ。

この違いを是非観察してもらいたい。どうやって栽培したらいいかを教えてくれる先生は、そこら中にいる。雑草こそが作物の先生なのだ。

## 7　ネットワークを作る

### 地域独自の農法はあるか

近自然河川工法において、地元の職人を使うべしと述べたが、これは農業も例外でない。地域独自のやり方があり、それを代々受け継いでいる農家が各地にいる。独自の農法とは、地域でスタンダードになっている農法といった方がいいかもしれない。

例えば、地域で営まれる畜産の種類によって、園芸タイプが大別されているように思われる。肉牛肥育が盛んなところと養鶏が盛んなところとでは、メインとする堆肥が違ってくる。例えば牛糞堆肥は土作りを重視する園芸形態となり、鶏糞堆肥は元肥、追肥と肥料重視の園芸形態となる。

粘土質の圃場で、鶏糞をたくさん用いて有機栽培している農家グループがあるが、そこでは毎年生育が安定していない。豆の栽培をしているが、短期間で収穫が終わってしまうと嘆いている。土の中に繊維となる材料が足りていないのだ。そこと対比して、山草を大量に堆肥にして畑に入れている地区がある。そこでも同じように鶏糞を用いているが、こちらは栽培における問題が少ないという。

鶏糞しか用いない農家グループに、山草を堆肥化して使いましょうと伝えるのだが、そういう伝統がないことから、あまり積極的にやろうとしない。何かを改善しようとする時には、農家一戸だけを見るのではなく、地区の農家はどのようなことをしていて、同じような条件の他の地区とは何が違うのかを知る必要がある。

言い換えれば共通項を探し出すということである。共通項は地区の農業ポテンシャルとも言える。ブランド化する場合においても、よそには真似できない独自の工程や方法を持っていれば、商品を差別化するのに非常に有効である。

## 産地を支える組織

産地と呼ばれる地域には、必ず生産組織が存在する。生産部会と呼ばれたりするが、部会は長年存続してきた歴史において、農産物の高位安定生産が図られている。その結果、安定的に良品を供給できるようになり、市場評価という形で認められている。

産地が形成された理由は、作物が地域の気候に適している、地域の土壌に適している、さらに地域の性格（アイデンティティ）に適していることなどがあげられる。言い換えれば、適地適作がうまくいっているのだ。産地に発展してきた背景には、こうしたことに加えて、誰もが作りやすい同一性がある。

それは作土の土性や深さ、腐植の多さ、様々な要素が、広いエリアに同質に広がっているからである。決してまばらではなく、異質な条件も混在していない。だから産地では同質な作物を育てることが可能なのだ。産地形成が進まないところは、この条件が満たされていないことが多い。

産地の持つ力は、課題解決においても的確で迅速に作用する。産地が抱える課題は生産性向上や後継者確保や産地間競合など多々あるが、ライバルである他の産地への視察を繰り返すことで、課題を戦略的に解決し進化を遂げている。例えば全国の有名産地が集う○○サミットや△△交流会などが情報交換の場となっている。

また、部会では、農家全員の管理方法や出荷成績を共有し、成績の良い農家の管理方法を基に改善を重ねることができる。そのため、一農家が単独で試行錯誤を繰り返し、長い年数をかけて独自の農法にたどり着くよりはるかに早く、多人数が実験を一度するだけで技術の完成に近づけることができる。だから部会に属する農家が共通して取り組んでいる栽培技術は、多くの失敗を重ねて蓄積した技術の集大成のようなものなのである。

当たり前だが、農家は組織に加入し技術を早く習得することで、少ない失敗で経営を確立させることができるようになる。

一方、有機農業の場合、農家が単独で頑張っていることが少なくない。農家が単独で営農する場合、唯我独尊になってしまいがちなところがある。また角の立つ言い方になるが、有機栽培をやっているという自負心と消費者からの礼賛で、自分の有機農業ほど立派なものはないと慢心している人も結構いる。

自分もなるだけ情報を閉鎖的にしないように、有機栽培、慣行栽培関係なく競争意識を持ち、先進技術に関する情報交流を重ね、視察などにも積極的に参加しなければならないと常に努めているところである。

## 異業種との連携

筆者と同じ町内に、福留氏が晩年、現場や視察を共にした土本鋼氏がいる。福留氏と同い年という土本氏は、二〇〇七年、町内で三十日間開催された『地方発第一回水の科学・水資源に関する国際シンポジウム』で初めて福留氏と知り合った。福留氏は川の専門家として、土本氏は土壌を扱う農家の立場からのパネリストとして参加した。現在は、長男の誠氏を支える形で、りんごと梨を減農薬栽培し、観光農園を営んでいる。

福留氏は生前、「里山や農地が健全なものでないと、養分が流れて川を汚染していく」と語っていたという。そこで土本氏は、肥料を窒素分の高かった肥料から窒素成分比較で一〇分の一の肥料へ、さらに肥料養分を吸った廃棄果実だけでなく、落ち葉も園地外へ出さないように

**図12**　土本鋼、照美夫妻。二人合わせて200歳の両親も健在で、同居している。

し、中耕もやめた。するとモグラやミミズが増え、土がみるみる変わっていった。

福留氏は、気さくな人柄の土本氏に会うため何度も梨畑を訪れ、地面を踏みしめてお互いに語り合った。そのついでに河川の話も時折するようになり、やがて同園を挟むようにして流れる二河川を近自然化することを思い立った。

資金不足や地元住民の同意など様々な課題が立ちはだかったが、なんとかクリアし、夢を現実のものとしていった。最終的に、福留氏は工事の完了を見届けることはできなかった。けれども没後も、二人で描いた近自然思想に基づく村づくりとその一環である川づくりは、土本氏の宿願となり、二〇一五年にほぼ全面（残りは二期工事の予定）を近自然河川工法で終えることができた。今ではあたりをたくさんの蛍が舞い、トンボが群れる様子が見られる。

「照葉樹や落葉樹、さらに農地や河川がバランスよく一体とならなければならない」と土本氏は語る。バランスの取れた豊かな農村生態系が土台となり、自ら実践する「近自然農法による栽培」を確かなものとしている。異業種である河川技術者から授かった近自然の思想は、栽培に生かされ、新高梨が農林水産大臣賞を何度も受賞するなど、良質な果実の生産に結びついている。

# 第2章

# 見えない世界を見る

見える世界とは、生物種の特定ができ、数値化や定量化ができる。つまり、数字から分析ができたり、目標を定めたりすることが可能なのだ。

ところが見えない世界というのは、相互の関係性を探るようなもので、どうしても因果が複雑に絡み合い、はっきりしない。だが、それを見るということは、複雑系である農地の因果の元となる、自然摂理を考えるということでもある。

## 1　系を意識する

糸のような見えない因果の結びつき、それが系であると考える。家系、水系、生態系など、この結びつきを軽視するか、重視するかで見える世界は大きく違ってくる。

### 地因子を考える

二六ページの畜産試験場でのエコトープ区分図は、簡単なオーバーレイ手法で作成したものである。前述した通り、学術的な範疇にとどまっていたエコトープ区分図は、自然社会分野へと広がり各方面で応用されている。だがほとんどが、自然保護サイドに立った管理計画に用いられることが多いように思われる。

けれども牧場の例で示したように、区分図は農業への応用も可能である。地因子と呼ばれる、地形、土壌、地下水、気温、風、日射量、植生などが相互に関係して影響しあっている。この地因子同士の作用などを考慮して、形態的にかつ機能的に同質な最小景観単位を地図上に落とすことができたなら、それは農業という土地利用において様々な提言がなされるはずである。

これまで土地を最大限に活用しようとする農業に、エコトープ区分図の使用事例が見られないのは、非常に残念なことである。農業という利己的な産業柄かもしれないが、近視眼的な見方しかなされてこなかったからではないだろうか。

もっと農村という広い視野から俯瞰的に、圃場を見渡すことができたなら、このエコトープ区分図の必要性が現れてこよう。

エコトープそのものは何もデータがない場面でいきなり見ることはできないが、景観（作物の出来具合いなど）と区分図を比べて見ることによって、その存在を知ることができる。つまり見えない世界を表象化することで、そこにある形や特徴を知ることができるのだ。これこそが、見えない世界を見るということの第一歩である。

## 夏に冬を見る、冬に夏を見る

季節ごとに変わる風向きと強さ、大雨の時の水の流れ、周辺農地の作物からの病害虫の伝染、他にも季節によって農地には色々な事が起きる。一年を通し栽培してみて初めて、与えられた農地の性質がわかるようになる。農地の性質は、農地の土質と同等レベルの重要さがあるということに気づかされる。

最初の数年は、何かが起きるごとに驚かされる。だが、これを数年やっていくうちに、徐々に事態を冷静に飲み込めるようになり、広く深く想定できるようになる。季節の変化に伴って、畑の様子が大きく様変わりすることも理解できるようになる。

夏に繁茂していた草が見事に消えてしまうことが農業の現場では普通に起きる。逆に何もなかった畑が草で覆われてしまうことも起きる。害虫も同じで、雑草の中で卵で越冬する害虫の姿は、決して見ることができない。暖かくなり、羽化して初めて大量の卵が越冬していたことに気づかされる。様子が一変してしまうのが農業なのだ。

三ヶ月後や半年後の様子をイメージしながら準備をする。それは雑草だけでなく、大雨の時の排水、真夏の高温対策、害虫の侵入防止、鳥獣害対策もまさにそうである。このように栽培がうまくできるようにするためには、想定されうる様々な事態を考慮し、それに対して、事前に手を打てるかどうかである。放っておけば、被害が出てからの対策となり、全てが後手となる。

万事において言えることであるが、どれを優先的に行うかが最も大切である。また何においても資材購入などの費用が発生するので、むやみに全てについて行える訳ではない。

ただ対処のタイミングに関して言うなら、栽培が始まれば、栽培管理に目が向くので、作物が植えられていない時期にいかに準備作業が完了できているかが大事で、それが栽培状況を左右する。

## 見えない種の役割

生態ピラミッドでは、底辺に生物がたくさん生息する環境ほど、食物連鎖の上位の種が多く生息する。逆に底辺の生物が少ない環境には、上位の種がいないか、あるいは数が少ないという原則がある。

必ずしも上位の生物が、農業を営む上で有益なものであるとは限らないので、農家も上位の生物に対して関心を持つことがない。

むしろ農家は有益でない生物の増加に関心がある。害虫をはじめ、獣害を引き起こす鹿、猪、猿、カラス、ハト、ハクビシンなどである。これらの頭数が増えると、栽培状況が一気に悪化するからだ。もし、有益な生物が有害生物を駆逐できるのなら、それが理想だが、有益生物による駆逐例は数少ない。

ヨーロッパでは、タカやコウモリなどを有益な生物とみなし、彼らのための生息環境を整える農空間整備が行われている。これは作物の生産環境を安定化させるための取り組みである。農村の生態系保全の取り組みが後進国の日本では、反対に農業の工業化が進んでいる。オランダに倣った次世代型環境制御ハウスがその一例だ。工業化が進む理由は、コントロール不能の生態系という枠から離脱したいという願いがあるからに他ならない。

森林が近い中山間地は、住民が減少することで獣害が頻発し栽培における不安要素が多い。不安要素が多いから農家の生産意欲が落ち、離農も進む。中山間地農業は、有益な生物の保護や生態ピラミッドなどを考慮した、新しい方向性を持たねばならないのに、費用対効果が小さく一向に進む気配がない。

さて、日本で進んでいると思われる天敵栽培であるが、捕食関係にある生物間の一対一の関係性だけを生産システムに導入する考え方は、本当に自然を利用しているとは言い難い。天敵の導入ではなく、在来の天敵が常時生息できる環境づくりを生態ピラミッドの最下層から整えてやることの方が大事なのだ。その最下層にいる種は、肉眼では見ることができない、たくさんの土壌微生物や土壌動物である。その見えない種が安定した農村環境の土台になっているのだ。

「産地」の所で述べたように、地域全域で同一作物を栽培する経済的なメリットは大きい。だが生態的なリスクは計り知れない。地域全域で薬剤による土壌くん蒸を行い、底辺生物を死滅させる方法を用いることは、底辺だけでなく、上位にいる有益な生物にも大きなダメージを与える。

このようなことを続ければ地域の生物種が急速に減り、個体数も激減した貧相な生態ピラミッドとなる。経済的な事由だけで生態的要素が完全追放されるという事態は、日本の農村で数多く起きているが、打つべき手がないのが実状である。

## なぜ虫が集まるか

病気にせよ、害虫にせよ、毎年同じことが同じ時期に起きるものではない。その年によって流行が違うのだ。流行は一農家にだけやってくるものではなく、地域の同じ作物を栽培する農家でも同じような影響を及ぼす。逆に何事もなく順調に育つ年は、地域のどの農家も同じようによく育つ。

つまり、病気や害虫の発生において、何か別のきっかけのようなものがあると考えられる。それは主に天候である。他にも月の満ち欠けで害虫の発生のピークが異なると言われるが、最も大きい要因は天候である。地域内の気候は同じ条件下で共通しているため、発生は一様に起きる。乾燥が続けば害虫が増え、多雨で湿度が高い状態が続けばカビなどの病気が増える。とは言っても、中には被害の少ない農家がいる。そこでは天敵が用いられていたり、有用菌を常用していたりする。様々な方法で被害を軽減させているのだ。

だが、ここで取り上げたいのは、なぜ病気や害虫が畑に発生し、増えるのかだ。温度や湿度の条件が揃い、菌や害虫の増殖、繁殖に適合したからだと言えるだろうが、それだけで決定されるものだろうか。

発生要因には諸説あろうかと思うが、筆者はこれを「餌」だと見る。生態ピラミッドの中で作物のポジションは、最上位（人間が勝手に最上位に据えているだけ）にあるのではなく中位にあり、虫や病原菌の餌という位置付けだが、餌が餌として見えない状態と餌が餌に見えてしまう状態とがあると考える。

餌に見えるようになると虫などが素通りすることなく、必ず葉の上に降り立つ。また病原菌は柔らかい部分に付着する。つまり、植物が食べられる対象になってしまうことが原因なのだと考える。これが食べられない対象のままであれば、近寄らないし、素通りしてしまう。

病気や害虫は、そこら中にいるし、いつでも様子をうかがっている。この様子を見て、「昆虫の真の役割は、誤った養分を与えられた作物の状態をつきとめる警官であった」（『生きている土壌』エアハルト・ヘニッヒ著、中村英司訳、日本有機農業研究会）と言う学者がいる。害虫は、管理者（農家）がルールを守らず間違った管理（多肥）をしてしまわないか見張ってくれているのだ。だから決して、害を与える悪者ではない。

## 2　土の物理性

### 際と中央の違い

手で散布しても、ブロードキャスターなどの機械で散布しても、周囲より中央の方が肥料の量が多くなるのではないかという疑問がある。ところが有機物の場合さほどの違いはない。耕して土の中に鋤き込まれることがなければ、表土に撒かれたままの肥料は、風で飛ばされたり雨で湛水し流されたり、さらには微生物に取り込まれて土の中を移動して拡散する。また代かきでも見られるように、水に溶けた肥料養分は隅や縁へと押し寄せられ集積していく。この拡散しやすさを生かせば、表土に置いたままのマルチ（有機物マルチや堆肥マルチ）でも、肥料のムラが出にくくなる。

一方、化成肥料はすぐに可溶化し、耕さなくても土中に浸み込むので、拡散しにくい。よって、化成肥料を散布する時には、散布ムラが出やすいので、大量にこぼれ落ちないように細心の注意が必要である。

拡散のしやすさは、種子においても同様で、表土に撒かれただけなら中央付近から畦畔、水尻の方へと徐々に広がる。そのため畑の中よりも周辺部の方が雑草の種類が多い。畑と道路の境界や、畑と水路との境界、こうしたところは段差になっていて、水や風に乗って種子が寄せ集められやすい。

エネルギーにおいても法則がある。段差のあるところには熱のたまり場のような空間ができる。また、放熱や蓄熱は光を受ける材質や形状によって大きく異なる。多孔質な構造は蓄熱効果が高いし、平面構造は接触面が広くないので蓄熱ができず、放熱しやすい。農村の場合、石垣は段差と形状が蓄熱には非常に有効で、段々畑にハウス温室を建てる際に石垣を内部に取り入れて、夜間保温に利用している事例がある。

波打ち際であったり、山裾であったり、道路脇の茂みであったり、隣接する境界面は景観生態学用語でエコトーン（移行帯）や、際と呼ばれる。際には多くの物質と種とエネルギーが集積している。

道路脇や学校の廊下の隅に、ゴミが吹き溜まっているのを目にすることがある。南向きの壁を背に腰を下ろすと、暖かく感じる。魚は三面張の水路よりも、大小の石が複雑に置かれた変化に富む水路の方がたくさん棲む。

段差であったり、畑と畑の間の草地の畦畔といった際には、自ずと畑の中央とは少し違った生態系が出来上がることがある。際の空間をうまく栽培に活かせるように、農空間の設計管理ができるかどうかで、収量や品質は違ってくる。

## 化学性・生物性と物理性のバランス

化学性、生物性、物理性。農業においてこの三つが大切だと、どの農業書にも書かれている。この三つはどれも大事なので、いずれも改善していかなければ野菜は作れない、とは常套句である。

ところが、この位置関係が横並びとは違うのではないかと、筆者は考える。図13の右上のように、物理性がまず土台にあるのではないかと考える。

物理性の土台もピラミッドのように裾の広がる土台ではなくて、むしろ逆さピラミッドのような、あたかもヤジロベエのようにバランスの崩れやすい性質があるのではないかと考える。その上に、ボールの形をした化学性と生物性が乗っかっている。したがって、物理性が傾くと、それにつられて化学性と生物性が転がるように落ちてくる。物理性の微妙な均衡状態が維持できて初めて、化学性と生物性が改善できる。

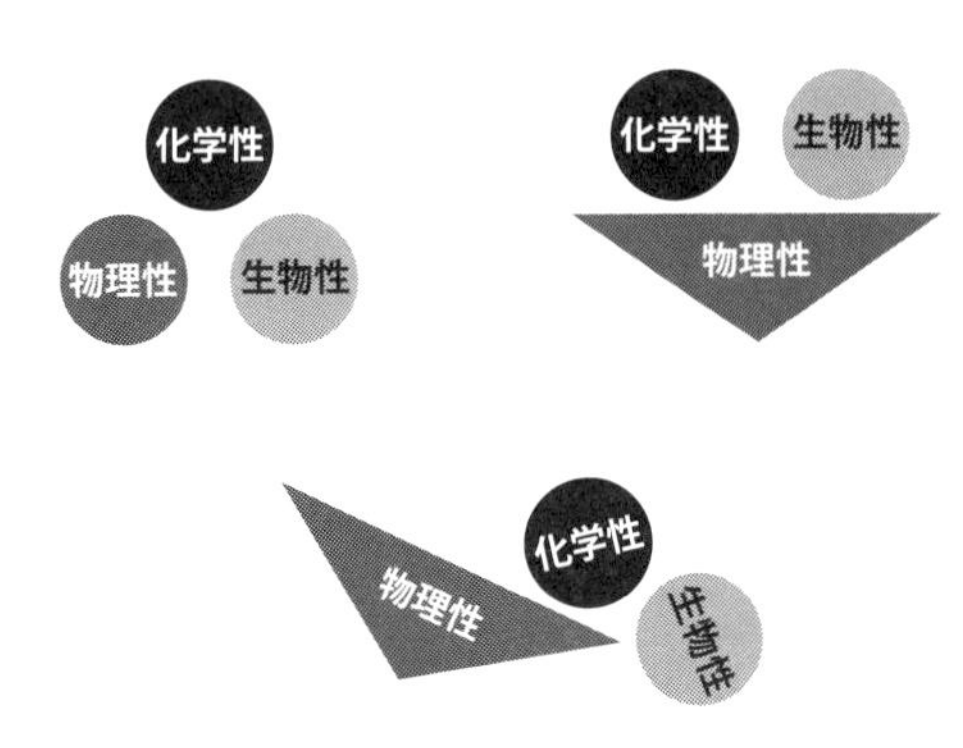


図13　左上は教科書にある農業における三つの大切な要素。だがこの位置関係は実際の農地においては右上のようになっていると考える。物理性が傾くと、全てが転がり落ちる（下）。

乾燥による地割れ、大雨による地下水位の上昇、さらに重量機械の踏圧による酸欠。いずれも三相分布（気体・液体・固体の比率）が、悪化する。ひどい場合は根域が制限されることになる。制限された根域では、地上部の成長を最大限に高めることができず、収量の低下や品質の悪化を引き起こす。また、病害虫の被害を招くこととなる。

いくら化学性と生物性が完全な状態であっても、この物理性が悪ければ、作物は全く作ることができない。逆に、この物理性を重視して栽培を行うだけで、化学性と生物性が少しばかりバランスを欠いていても、十分な成長が可能となる。

このことは、構造と機能の関係に換言した方がいいのかもしれない。構造は物理性で、機能は化学性と生物性。つまり物理性は前提条件。その条件下でしか、仕組み（機能）は作れない。

## 地力（ぢりき）

本来は地力と書いて「ちりょく」と読む。しかしあえて筆者は、もっと力強い語気のあるフレーズが望ましいと考え、「ぢりき」と呼ぶ。

その訳は、農地の地面の中では、様々な物理的な力が働いていて、化学性・生物性においても同様に力と力がぶつかり合い、力比べが起きているからだ。この力学を総称して呼ぶようにしている。

まず、物理的な力については、水という媒体と重力という力の存在が挙げられる。この力によって植物がうまく成長しているのだと考える。水と重力によって物質が運ばれる。具体的には、酸素や肥料養分、粘土粒子を含んだ水が、低いところへ流れていくということである。

低いところとは、根がある場所からさらに深い場所のことである。表面近くに施用された肥料養分が運ばれていく。これによって酸素や肥料養分が、温度や湿度の安定する作土の深部にまで届く。

少ない雨や点滴灌水なら、表面近くの土に吸収されて深部にまで到達することはないが、まとまった雨や多灌水の場合、かなりの量が深部に到達する。

そうすると作物が見違えるように生育が良くなることがある。土壌が硬すぎる、つまり緻密になっていると、水が浸透する妨げとなるので、ある程度、土が膨軟であることが大切である。

そして化学的な力としては、地力窒素（土壌の可給態窒素）の存在である。土壌分析では硝酸態やアンモニア態の窒素が不足しているような結果が出ても、腐植が十分あると、気温が上がってくるにつれ作物がしっかりと育つことがある。分析値だけでは想像ができないことが現場では起きる。

地力窒素を測定するには採取した土を三〇℃で四週間培養して、培養前後の値の差から算出することができる。また他の方法としては、腐植が高くなるにつれて可吸態窒素が高くなる傾向にあるので、腐植の値が地力窒素の目安となる。

時期的には梅雨の後半期に水分が十分で地温が高まってくると、生育が比較的順調に推移するのは、地力窒素という「地力（ぢりき）」のためである。

## 農機と肥料

農機メーカーは、高額なトラクターを農家が買い渋りするため安価な馬力の小さいトラクターを販売する場合が多い。また農家は馬力が小さくなったことや、燃費を上げるために車速を上げて、深く耕耘しない場合が多い。逆に、規模拡大に伴って機械を大型化する農家も増えている。いずれにせよ、結果として、すき床層（作土層直下のすき底に当たる部分でロータリー耕や機械の大型化により、さらに緻密化する）が浅くなっていく。これは全国的な傾向で、農業試験場でも浅土化の進行が確認されている。

稲作では、有効土層が深い土は胴割れが出にくいというデータがある。またキュウリでも深くまで根が張ると、収量が高まると言われている。つまり、浅土化によって、明らかに収量や品質が低下するはずなのだ。だが、目に見えて収量が減る様子はない。

そこで減収しないように支えているのが、肥料屋である。少ない土でも安定的に栽培ができるように、浅い土が肥料を蓄える力、つまり地力や保肥力を高めたのだ。腐植やモンモリロナイトなどである。こうすることで、浅い土の質を高めていく方法に出た。

だが、それでも表層近くは地表の影響を受けやすいので、乾きやすく地温が上下しやすく、化成肥料を使う慣行栽培ならまだしも、温湿度管理が重要な有機栽培は難しい。そして何よりも耕盤（すき床層が一〇㎝以上の厚みになり透水性の低下した層）が表面近くなるので根の過湿が起きやすく、作柄が安定しないという事態に陥ることとなった。

そこで、農機メーカーはロータリーではない方法を農家に勧めることとなる。プラウやサブソイラなどの機械で、すき床層や耕盤を破壊する方法である。今度は、下層の病原菌が地表に上がってくるからと、有用菌を含んだ微生物資材を肥料屋が売る。このような形で、農家は農機メーカーと肥料屋の間を行ったり来たりしているのだ。

肥料屋は作土の深さにあまりこだわらない。一〇㎝だろうが三〇㎝だろうが、変わりないと思うかもしれないが、土の量は仮比重〇・八の場合一〇㎝なら一反あたり八〇トンほど、三〇

cmなら二四〇トンほどの違いとなる。

もし、一〇cmの作土だと、根が一〇cm伸びるのに一ヶ月かかるとして、一ヶ月で根はすき床層や耕盤に到達し、それ以上に伸びることはできなくなる。ただし狭い範囲に肥料濃度が濃い状態であるので、一ヶ月間は急成長するが、その後は成長が鈍化したり、病害虫にやられやすくなる。一方、土が三〇cmなら三ヶ月も根が伸び続けてくれる。肥料濃度はその分薄まるので成長は緩やかである。ただし、長く収穫できるメリットがあり、どちらかといえば深い方が経営上優れていることになる。

## 3　土の化学分析値の活用

### 無機質と有機質の相互変化

無機質と有機質は、微生物や植物の働きによって相互に変化する。無機質であったものが有機質になったり、その逆に有機質が無機質になったりする。

特に有機態窒素が無機化する速度は、土の温度や湿度、ＰＨ、通気性などによって違ってくる。土壌の種類によっても異なり、黒ぼく土が無機化しやすく、次いで黄色土、灰色低地土の順である。

さらに栽培方法による違いもあるが、管理次第で大きく変動する。有機農業だと有機質のみ、慣行の普通栽培だと無機質のみという訳ではない。慣行の栽培であっても、残渣や緑肥が鋤き込まれたり、堆肥が入ったり、さらには有機質入りの肥料が用いられたりするので、多くの有機質が存在する。逆に有機栽培であっても、土の中では硝化菌の働きで簡単に無機化する。有機農業だから、土の中には有機質しか存在しないというのは大きな誤りである。

土が乾燥して有機質肥料の大部分が無機化すると、むしろ有機農業の方が慣行農業よりも無機質が高くなる場合もある。つまり無機質である化学肥料で栽培したと同じような状況になることも大いにあるのだ。

有機農家は化学肥料を使っていないと主張しても、結果として化学肥料を使ったのと同じように、葉中の硝酸態窒素の高い作物が収穫されることがある。

慣行栽培だと、土壌環境が多少変化しても、つまり水やりが少なくて乾燥状態でも、施肥量に応じて予定通りの作物を作り出すことができる。一方、有機質肥料だけで作ったら、必ず毎回、同じような作物が出来上がるという訳ではない。それは過湿と乾燥、高温と低温、それぞれの状態で肥料養分が変化するからだ。

どういった肥料を入れたかではなく、どういった土の環境で育てるかという管理が、有機栽培にとっては大切なことなのだ。

## 土の肥満

畜産農家は日頃から、与えた餌を家畜が食べているか、そしてそれを排泄しているか、その様子を欠かさず見ている。飼槽に食べ残しがないか、食べ足りているか。あるいは食べすぎて下痢していないか。どこか調子が悪いのではないか。この観察が欠かせない。

これに対して、園芸農家はどうであろう。作物には口もなければ肛門もない。もっと欲しいと鳴き声をあげる訳でもない。無口な生き物である。

だが、そんなことを気に留めずに農家は餌（肥料）を与え続ける。食べきれないほどの餌（肥料）を与えてしまっても、気づくことはない。農家はおそらく食べてくれたであろうと勝手に想像する。食べ残している餌（肥料）が目に見えないからだ。目に見えないということは、いかに恐ろしいことか。

逆に餌（肥料）が足りないことの方が、農家は気がつきやすい。生理障害が葉や実に明らかに現れてくるからだ。足りないから、もっと食べたがっている、足りない成分を含んだ肥料を与えようということになる。だから足りない事態には農家は割と早く対処ができる。

一方で食べきれないというのは、作物の過剰症となって現れる。だが、多くの農家がこれを見落としているか軽視している。それはなぜか。十分足りていることはいいことだと考えるからだ。作物にひもじい思いをさせてはならない、作物や土が肥満になるくらい与えることはいいことだというのが根本にある。

土の肥満に対して、あまり罪の意識がないのだ。この無意識こそが、日本全国の土をメタボリックシンドロームにしてしまった悪の根源である。

## 施肥の見直し

土の肥料濃度は、薄い状態の方が良いか濃い状態の方が良いかであるが、それは作る作物によって異なる。例えば、玉ねぎではリン酸をたくさん入れないといけない。一方コマツナではあまり入れなくても大丈夫である。

それならばサツマイモは窒素を吸わないから肥料を入れなくても良いという人がいる。だが、誤ってたくさん肥料を入れてしまい、サツマイモが蔓ボケしてしまった経験は誰にもあろう。サツマイモは窒素が土の中にあればあるだけ吸ってしまう。

つまり、農家が思い込んでいる常識は、多収したいという人間側のものである。施肥は人間側からではなく、作物の側から見なければならない。

単に、サツマイモは窒素を吸う力が強いだけなのだ。これを「吸肥力」と呼ぶ。吸肥力が強い野菜であるから、土壌中の窒素が薄くても吸えてしまうのだ。コマツナのリン酸も同じで、土壌中にわずかしかなくても、そのわずかなリン酸を捉えて根で吸う。一方玉ねぎはどうかというと、土壌中のリン酸濃度が低ければ、吸えない。ある程度までリン酸が濃い状態になって、ようやく玉ねぎは吸うことができるようになる。加えて玉ねぎの根は少ないから、表層近くに濃いリン酸の層が必要になる。

よって、野菜がたくさん吸うから肥料をたくさん入れるというのは誤りで、吸収されにくいからたくさん入れるというのが正解なのだ。土壌分析をした後の施肥設計において、一律に適正値と呼ばれる範囲に数字を合わせることよりも、作物の種類に合わせていくべきであるということが分かっていただけただろう。

さらにもう一つ、多肥を避けるために知っておかねばならないのは、「肥効率」という考え方である。例えば牛糞堆肥では、窒素は一〇%、リン酸は八〇%。カリは九〇%が当年の肥料として考えることができる。袋に成分表示された%を丸ごと吸収できるのではなく、成分表示の値に先の一〇%、八〇%、九〇%を掛けなければならない。堆肥の肥効率はC／N（六ページ参照）などによって違うので、調べる必要がある。ただ一〇%だから低いと思っても、数年かけて無機化してくるので、数年後、忘れた頃に地力窒素として発現するようになる。

## 土壌分析値の信ぴょう性

土壌分析後、施肥設計をする時に、数百mg／一〇〇gの単位の一桁まで合わせる人がいる。これはどのくらいの量の違いかを計算する。

一反あたり一二cmの土だとして、仮比重〇・八の場合一〇〇トンほどとなる。分析値一mg／一〇〇gの違いは、圃場全体でいうと一kgの違いとなる。窒素一kgといえば、窒素五％の菜種油粕で二〇kg一袋の違いである。一反に菜種油粕を数十袋施用する場合、二〇kg一袋を余分に入れるか入れないかは大きな違いだろうか。これが一〇mgとなれば、一〇袋の差になるので、違いはない訳ではないが、一桁まで合わせる必要はないだろう。

また土壌分析結果についても、ＰＨやＥＣはどこの分析機関でも比較的近い数字が出されるが、その他の分析項目については、異なる場合が少なくない。分析法の違いというのもあろうが、どうしても分析精度が高いとは言い切れない。表1のように、重量法（乾土の重量で分析）と容積法（生土の体積で分析）では大きく数字が異なる。乾燥させる工程で水分がなくなるので、土のかさが二倍になることもある。つまり数値結果も二倍になることもあるのだ。

同じ重量法のA社とB社で比べても、H圃場でリン酸値が同値であるのに対し、カルシウムやマグネシウムでは全く異なる。このように数社に依頼した分析結果や簡易分析器の結果が、

| H圃場 | PH | EC | 無機N | P | K | Ca | Mg | 分析法 |
|---|---|---|---|---|---|---|---|---|
| A社 | 6.8 | 0.4 | 9 | 214 | 51 | 460 | 124 | 重量法 |
| B社 | 6.0 | 0.4 | 0 | 214 | 60 | 597 | 160 | 重量法 |
| 簡易分析器 | 6.4 | 0.4 | 12 | 159 | 42 | 175 | 75 | 容積法 |

| T圃場 | PH | EC | 無機N | P | K | Ca | Mg | 分析法 |
|---|---|---|---|---|---|---|---|---|
| A社 | 6.9 | 0.2 | 8 | 212 | 63 | 475 | 135 | 重量法 |
| B社 | 6.3 | 0.2 | 0 | 204 | 67 | 588 | 171 | 重量法 |
| 簡易分析器 | 6.6 | 0.2 | 9 | 153 | 45 | 184 | 62 | 容積法 |

**表1**　2つの圃場（H圃場とT圃場）から掘り出した土を3等分して、それぞれ分析をした。結果はECやリン酸は同値で、それ以外はまばら。

分析項目によって大きく異なることもあるので、結論からすれば、どこの分析機関を信じればいいかは個人任せとなる。

ちなみに筆者は、容積法の誤差はプラスマイナス七％程度だと言われているので、容積法の方を信頼している。

また、土壌分析において出た数値が正常値か異常値かを見抜くためには、過去数年のデータ蓄積が必要である。過去の数字と比べて明らかに異なる数字が現れた場合には（心当たりのある多量施用がないのであれば）、異常値として考慮せずに、直近のデータを使う方が良い。

さらに温度についても、真夏と真冬では三〇℃以上も差がある。分析室を一五℃といった一定の温度に保っている場合なら問題は少ないが、野外に置かれた簡易分析器でやるとすれば、温度によって試薬の反応速度に違いがあったりするので、正確な数字が出ない。おまけに農家が採取する土もサンプリングが曖昧である上に、真夏の車中に入れたままにしておくようなことをすると、太陽熱処理をしたと同じことがサンプル容器の中で起きてしまい、可給態窒素が無機化してしまう。

農家が心がけるのは、土の中のままの状態で早く業者に渡すことと、土壌分析を毎年同じ時期に行うことである。そうすることで温度の違いによる分析精度のズレを避けることができる。

## 理想は天然林の林床

作土といっても表層土から下層土まで、いくつもの層に区分される。この土層ごとに土を分析すると、当たり前であるが数値が異なる。特に一五㎝のロータリーの爪が攪拌する範囲と爪が届かない範囲とではかなり違う。さらに深い下層土になるとミネラルの沈着のような状況になっていることがある。水田や多湿の畑では鉄やマンガンは溶脱して地下に浸透しているので、深層ほど数値が高い傾向にある。またマグネシウムの多肥を続けてきた畑の下層土に、マグネシウムが鉱脈のように溜まっていた事例もある。

表層土から、作土、そして下層土へと底にいくにつれて、土の密度は緻密になり、空気相が少なくなり、水や空気の移動しなくなった層では養分も沈着してしまうため、根は伸びずそれらを吸収できなくなっている。下層土は徐々に厚みを増し、地上へと押し上がり、結果、作土は狭くなる。水の流れは緻密になった下方向へ進むことを遮られ、浅いところから横方向に貯留できないまま流れてしまう。おまけにその流れはたやすく土の外に出るために、養分の流亡も引き起こしやすい。保水力、保肥力が低下した状態である。

これは、あたかもスギやヒノキの人工林の林床と同じである。スポンジのように雨水を蓄える天然林とは異なり、人工林は落ち葉で土が作られることがないために林床の土が薄く、降った雨は浅いところを洗うように流れてしまう。その結果、河川が急激に増水したところに林床の土が流れ、山土を含んだ濁流となる。

社会的に、人工林の存在が肯定されるということは、水を早く押し流す三面張護岸も肯定されることとなる。同様に、農地においても作物を生み出すだけの土が肯定されることとなる。そうなれば、土は土でなくても良い。あえて言うなら、根が伸びる土台と水があれば良いのだ。土は土でなければならないということは、天然林を肯定し、自然河川を肯定することと同等である。

土の保水力、保肥力とは、天然林のスポンジのようなものである。そのスポンジは厚みがあり、多くの水を貯留できるし、肥料養分もたくさん蓄えているので、実生を育てることもできる。豊かな生態系を生み出すことができるのだ。現在多く見られるスポンジ機能を失った土では、水は貯留できないし、肥料養分も多く保持できない。その上、農地生態系は貧相である。

## 4　流れと淀み

### 農地と川の共通点

繰り返しになるが、近自然河川工法においては、河川内にどのような石を配置するかによって、水流に変化が生まれ、単調な空間に淀み空間を形成することで、際の部分に多様性が現れる。

「淀み」といえば、文学的には「淀んだ雰囲気」などとあまりいい表現をされることはないが、生態学的には「淀み」がある方が、流体の速度、密度、温度、湿度などの様々な要素が場所によって微妙に変化し、流れにゆらぎ（波動）が生じ、それらが漂う空間に多様性が生まれる。同じ断面の中を移動する、一様で変化に乏しい「押し流す」流れよりも優れているのだ。

図14の写真のように、水制と呼ばれる構造物が河道内にあるだけで、下流側の流れに淵と呼ばれる緩やかに淀む空間や澪筋の蛇行が起きる。澪筋のゆらぎによって本流と分離した流れは淵の外周を回るように水際付近を本流と逆行して遡り、再び本流に戻る。その流れが河岸と接する水際において、様々な小石や砂、シルト、泥といったものを堆積させる。そうするとそれ

図14　仁淀川水系支流の柳瀬川。右岸から澪筋に突き出す石組みの構造物が水制で、昔からある伝統的な治水技術である。

らの環境に応じて、その空間を好む生き物が生息し始める。この空間形成の原理は、水流のダイナミズム（浸食運搬堆積）である。

河川は上流に一mを超す岩が転がり、下流には一㎜の砂粒が堆積している（大きさは一〇〇〇分の一）。これは、水流によって運搬されるからであるが、では上流には砂粒がないかといえばそういう訳でもない。もし仮にコンクリートで作られた三面張りの水路が上流から下流まであったとすれば、そこには大きさが徐々に変化する石が整然と並ぶはずである。ところが実際には、上流には大きい石だけでなく、大きさの異なる石が存在する。上流にも砂や泥が堆積した場所があるのだ。しかし下流側に目を向

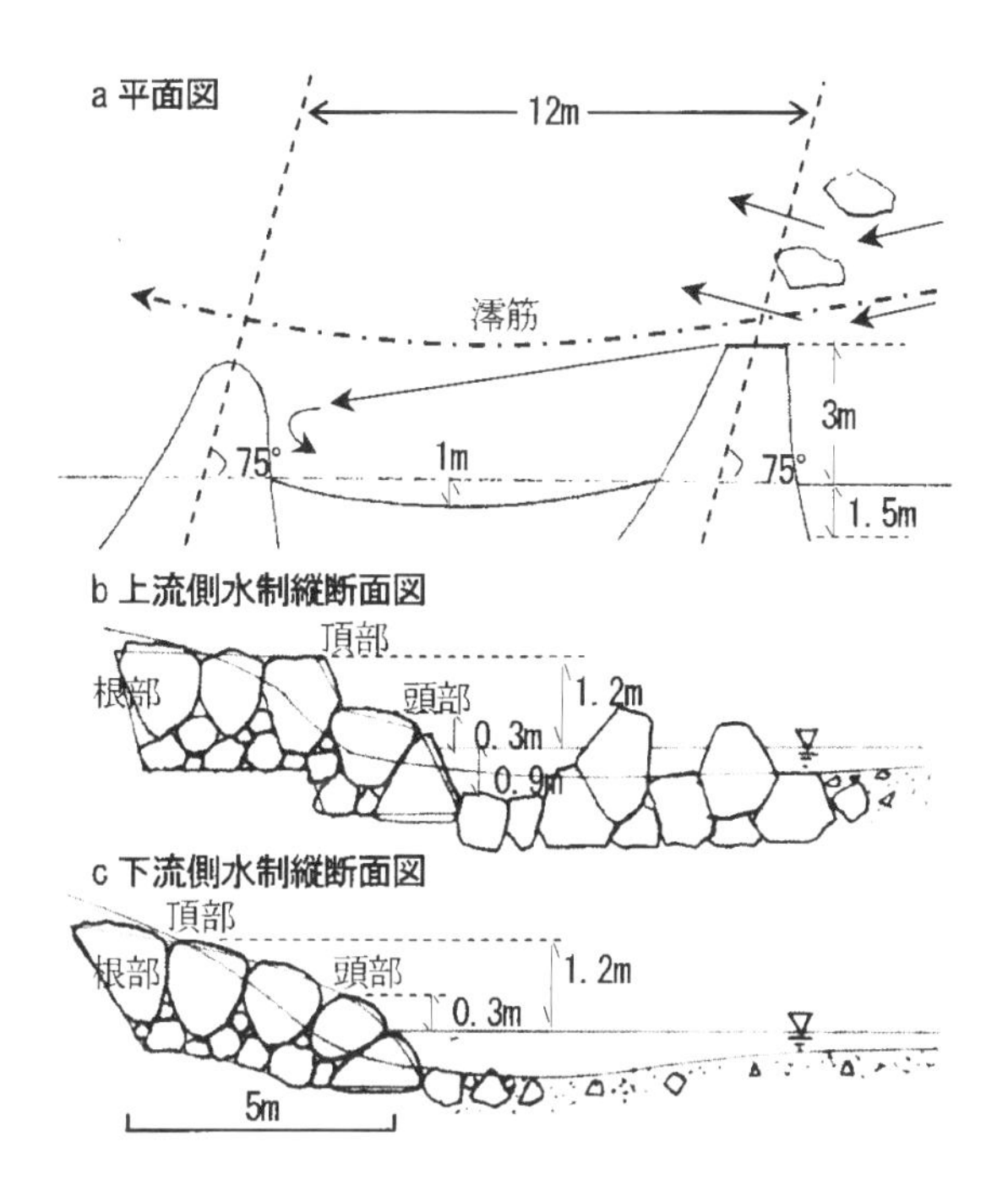


図15 「福留は逆に実際の河川において、水制工で河床を許容範囲に洗掘させて淵を創出し、同時に蛇行する澪筋の安定化と河岸の安全化を図る現場を設計して、直接、試験施工を行っている」。福留脩文、藤田真二、福岡捷二「淵環境を回復した低水路水制の設計とその環境機能の評価」（水工学論文集、第54巻）より。

けると、そこには小さい粒のものはあっても、大きな石は存在しない。

それでは農地を見てみる。農地にも一㎜の砂粒と一㎛程度の粘土がある（大きさは一〇〇〇分の一）。この砂と粘土が長年の水流の影響で、農地の上下の位置関係に分離していると考えられる。上流に相当するのは表層土であり、下流に相当するのは下層土である。

下層土には、水流で運搬された粘土が堆積していて、砂がある様子は見られない。また表層土には粘土もあるが、砂の方の割合が多い。下層になるにつれて徐々に粘土の割合が増してくる。日本全国どこにおいても、これと同じ状況になっている。河川のコンクリート三面張り水路と同じく、農地も押し流す構造、つまり単調な空間になっている。

この二極化した土層は、それぞれに良い特性があるが、表層は乾きやすく、下層には（水に含まれた）酸素が届きにくいデメリットがあり、押し流す農地の最も大きな弊害となっている。

## 溶ける土

簡易な実験装置を使って、川の浸食運搬堆積を理解することができる。坂道の上に、色々な粒の大きさが混ざり合った土で山を作り、そこに水を流すことで、川の石の分布の様子や、蛇行、瀬と淵の関係も確認できる。

同様に、畑の小さな川についてもペットボトルを使った実験で学ぶことができる。図16の写

## ペットボトル実験

図16　上：ペットボトルの底から水が抜けるようにしておく。右下：砂の塊を入れたもの。左下：粘土の塊を入れたもの。違いは明白である。

真のように二リットルの容器を二つ用意し、カッターで半分に切り、下半分を用いる。そして底にカッターで二cmほどの切れ目を入れる。水だけを入れて、底の切れ目から水が滲むようにしておく。二つ目も同じようにに加工する。

畑から取ってきた表層土と下層土をそれぞれの容器に入れ、容器に半分ほど水を入れて静置する。できればその土はペットボトルに入るくらいの塊を、土の中からそのまま掘り出して使うと良い。もし手で握ったりすると、畑の中にある状態と違う密度になるので、あるがままの形が望ましい。

結果であるが、砂を多く含んだ塊はほとんど形状が変わらない。場合によっては割れるという変化を見せるが、水の色もほとんど透明のままである。一方、粘土は水の中に入れるなり表面から溶け出して、容器の中の水はみるみる濁り始める。そして、両者をしばらく観察していると、底から滲み出していた水は、砂の方は止まることがなく、容器の中の水は出尽くして空になってしまう。粘土はこの逆で、容器の中の水の減りが止まり、底から滲んでいた水は乾いてしまう。

このことから、粘土は溶け出して底に沈降し、容器の底の穴を塞いだものと思われる。つまり粘土はわずかな水流で浸食され、下流側に運搬されて狭くなった出口に堆積したということが分かる。実験後、底の切り口付近に粘土が溜まって、水をせき止めているのが実際に見て取れる。

わずかな点滴灌水ほどの水量であれば、このような現象が起きるとは言い難いが、露地栽培での日常的な降雨や、水田湛水、除塩を目的とした施設栽培での湛水においては、こうした状況が起きうると考えられる。

## 農地に淀み空間を作る

ペットボトルの簡易実験では、押し流す構造について理解した。表層における砂、下層にお

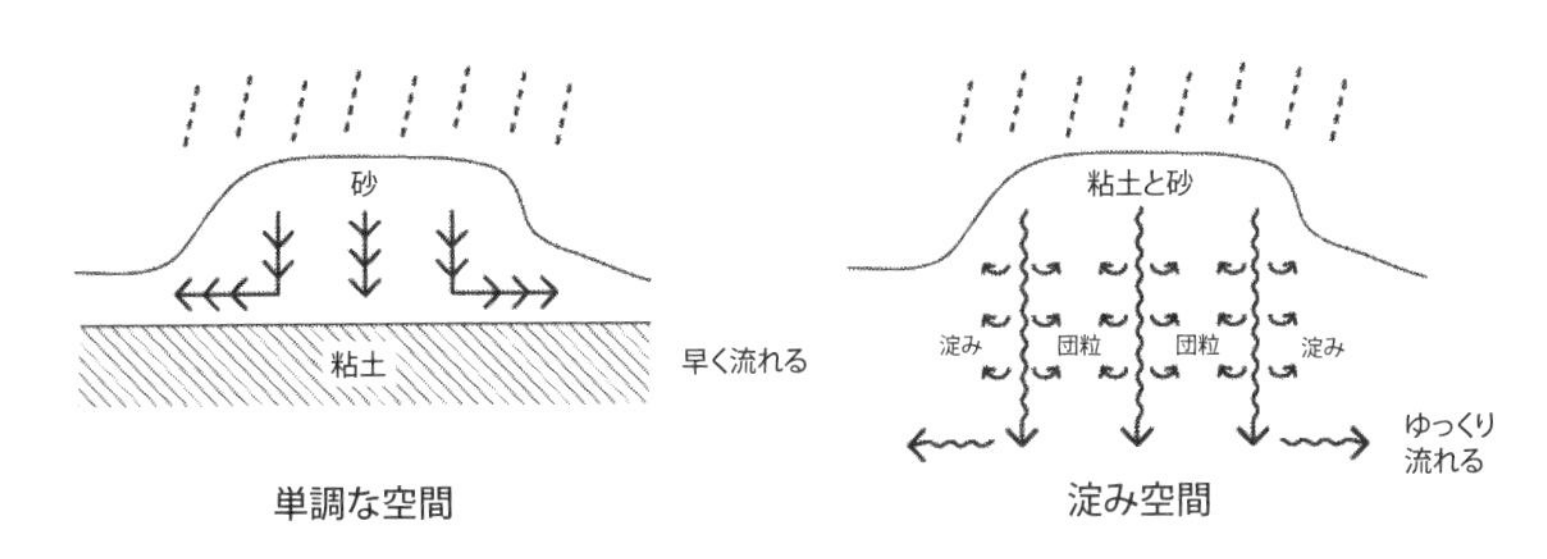


図17　単調な空間では、表土から浸み込んだ水分が砂の層を貫通し粘土の盤の上を横方向へと早く流れる。淀み空間では粘土と砂の混ざった層が、スポンジの役割をして水を貯留し、ゆっくり流れ出る。

ける粘土。この二つに分離した空間は、いくら時間が経てども、その構図に変化は現れない。乾きやすい表層と水はけの悪い下層。水流があっても全く構造の変化しなくなった空間は単調な空間であると言って良い。こういう悪い土壌では、生物は活性化しにくく、化学性も反応しにくい。

ちなみにいい土壌とは、腐葉が重なったリター層で、表層が乾きにくく下層は水はけがいい、まさに天然林の土壌がお手本である。

この悪化した農地土壌の構図を、通常のロータリー耕で解消することは難しい。むしろロータリーこそが、この空間を単調化させたといった方が合点するかもしれない。土塊を細かく砕くことで、粘土が水流によって運ばれやすくなるからだ。また、土を捕まえて流れないようにしてくれていた雑草の根がなくなることも大きい。

分離した空間は上と下を混ぜ合わせなければ、物理性は整わないと言える。砂が下層に、粘土が表層にくるように機械で反転（小さい面積であればスコップで反転）させれば、土壌構造が時間とともに変化をし始める。水流が粘土を溶かし、低い方へと重力によって押し流す。水流によってドラスティックに変化する。

下層から表層に押し上げられてきた粘土が溶け、水流によって再び下層に沈降していく間に何度もせき止まり、水の沈降速度を減速させ、緩やかにさせる。

ペットボトルの底に溜まった粘土を思い出して欲しい。ダムのような粘土の一時的な貯留があり、形成されてもすぐに崩壊し再び下層へと流れる。水はストレートに流れずに、一時的にとどまる、そして再び流れる、を繰り返す。このとどまる状態で生み出された空間をここでは淀み空間と呼ぶ。

この粘土によってできる微小なダムは、あたかも河川における水制の淵である。水制が淵という空間を作り出し、淵が持つ様々な機能を回復したように、農地における淀み空間でも、空間が持つ様々な機能を回復させることができるはずである。

こうしてできる土壌は表2に示すように、例えば砂壌土は砂質埴壌土へ、壌土は埴壌土へと、砂の割合が減って、粘土やシルトの割合が増える土質になる。それは表層も下層も同質で、その境界はほぼ存在しなくなる。また、このように表層の砂の割合が減ってくると、これまで崩れやすかった畝が崩れにくくなるメリットが生まれる。畝が崩れないということは、排水路

| 粘土含量 | 土性区分 | 略記号 | 粘土（%） | シルト（%） | 砂（%） |
|---|---|---|---|---|---|
| 15%以下 | 砂　　土（sand） | S | 0～5 | 0～15 | 85～100 |
| | 壌質砂土（Loamy Sand）※ | LS | 0～15 | 0～15 | 85～95 |
| | 砂　壌　土（Sandy Loam）※ | SL | 0～15 | 0～15 | 65～85 |
| | 壌　　土（Loam） | L | 0～15 | 20～45 | 40～65 |
| | シルト質壌土（Silt Loam） | SiL | 0～15 | 45～100 | 0～55 |
| 15～25% | 砂質埴壌土（Sandy Clay Loam） | SCL | 15～25 | 0～20 | 5～85 |
| | 埴　壌　土（Clay Loam） | CL | 15～25 | 20～45 | 30～65 |
| | シルト質埴壌土（Silyt Clay Loam） | SiCL | 15～25 | 45～85 | 0～40 |
| 25～45% | 砂質埴土（Sandy Clay） | SC | 25～45 | 0～20 | 55～75 |
| | 軽　埴　土（Light Clay） | LiC | 25～45 | 0～45 | 10～55 |
| | シルト質埴土（Silty Clay） | SiC | 25～45 | 45～75 | 0～30 |
| 45%以上 | 重　埴　土（Heavy Clay） | HC | 45～100 | 0～55 | 0～55 |

**表２**　作土は壌土を理想とせよという指導がほとんどであるが、下層で未使用になった粘土を作土に有効利用すると、埴壌土に近くなる（農林水産省ホームページより）。

（通路）が埋まらず、排水機能が維持されるということである。

結論を言えば、保水性の高い粘土は表層にある方が良く、排水性の高い砂は下層にある方が良い。その結果、表層と下層にあった境界（際）の部分には、乾燥や過湿が少なくなり、深層の水が毛細管現象（細い管状になった土壌構造の内側を水が上昇すること）で上がりやすくなって全体が適湿な環境となり、団粒も発達し、団粒を住処とする生物（有用な菌）が増加し始める。その結果、土壌中の良好な生物多様性が生まれてくる。

## 鉱物（砂・粘土）と糊（有機物）

『土壌団粒』（青山正和著、農文協）によると、団粒形成について「土壌はさまざまな大きさの粒子から成り立つとともに、個々の粒子の組成も多

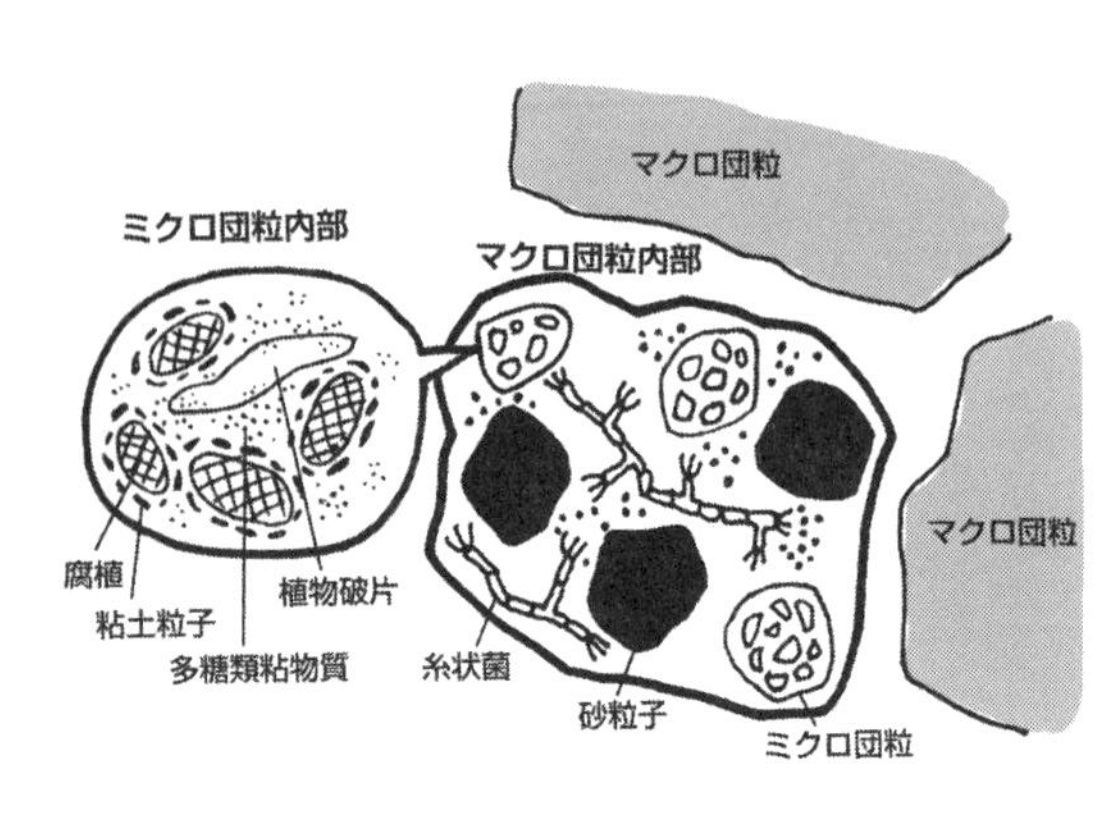


図18　マクロ団粒には砂粒子が必要で、ミクロ団粒には粘土粒子が必要。粒子の大きさは砂：粘土＝１０００：１

様である。しかし、こうした粒子がただ混在している訳ではなく、一定の法則性をもって結合し、集合体を形成している。これがすなわち団粒である。団粒は、一般的には微小な団粒（ミクロ団粒）と、粗大な団粒（マクロ団粒）の二つに大別される。」とある。

そしてこのミクロ団粒は、大きさはマクロ団粒の約一〇分の一。粘土粒子や細菌細胞、腐植、植物破片が、多糖類の粘物質や水和酸化物によって結合されてできており、さらにマクロ団粒はミクロ団粒と植物根、腐朽植物断片、糸状菌菌糸によって絡み合って形成されている。

図18のように、団粒は様々な物質の集合体であるが、植物由来の破片や根が砂や粘土を絡ませているだけではなさそうである。やはり無機的な鉱物を結合させるだけの強力な糊の役目を果たす物質が必要になる。それが多糖類の粘物質と言われるものである（マクロ団粒は糸状菌菌糸が絡ませて接着させている）。

もちろん、農家は意図的にこの粘物質を資材として入れている訳ではない。団粒は自然界で勝手に形成される。

つまり、糊の役割をするこの多糖類の粘物質が、農地の中で生み出されているのだ。材料として考えられるのは農地に生える植物であるが、これらが枯死した後、加水分解されて繊維が崩れていったのち、脱水縮合され合成されることにより、味噌醤油のような粘物質が作られるのではないかと考えられる。この働きを担っているのが、分解においては枯草菌であり、合成においては酵母菌である。したがって、主に農地に土着している枯草菌と酵母菌が、この粘物質を作っているのだ。

緑肥を鋤き込むと団粒が発達すると言われているが、これはまさに糖分を含んだ生の茎葉を栄養源として、粘物質を生み出す菌が活発に動くためである。

さらに粘物質は水溶性なので、水流で運ばれやすいという特性がある。このため土壌が淀み空間ではなく、単調な空間だと、せっかく形成できた粘物質が表層の団粒化に貢献する間もなく、下層から圃場外に流亡してしまう結果となる。

## 5　自然に近い農空間

### 慣行農業と有機農業

有機農産物の生産目標が一%を超えない（二〇一六年度耕地面積に占める有機農業の割合は〇・五%）と言われて久しいが、逆に伸びているのは減農薬栽培などの特別栽培ではないだろうか。

減農薬栽培農家の中でも、極力農薬化学肥料を使いたくない一部の個人や団体が、技術を高めて使用回数を減らしている。中にはほとんど使わなくなっている農家もいる。一方、一部の有機農家は、有機農業でも使えるＪＡＳ法に適合する新しい登録農薬を求めている。登録された安全な農薬ならなるだけ使って、病害虫を減らしたいという声もある。

こうして見ていくと、特別栽培と有機栽培の溝はどんどん埋まっているように思えてくる。農薬化学肥料を全く使わないのか、少しだけ使うのか、その農薬はＪＡＳ法に適合しているか否か、この両者における差はあまりないように思える。なるだけ使いたくないという、農家の本質的な部分（良心）は同じだ。

生粋の自然農はその点、無垢な存在だ。何も入れず、自然の力のみを利用する。だが、最近は自然農と有機農業の中庸的な存在も見受けられる。

自然農法系有機農業とでも呼ぶスタイルだろうか。有機農家が、地元で拾い集めた落ち葉やマメ科緑肥、米ぬかなど入手しやすい植物性たんぱく質のみで作るパターン。その反対で、自然農を実践してきた農家が窒素不足による減収を打開するために、少量のぬかやかすなどを用いるパターンも一方にある。

これまで農法において接点すらなかったところに、境界面が現れ、そして徐々にお互いの境界が重なっていく、境界面の親和性が高まってきている。

筆者は、農法は法規制で分断する（注：化学肥料を使用しても有機質肥料を用いればそれを有機農業と呼ぶ農家が数多くいたため、仕方なく法が整備された背景がある）ものではなく、こうした融合のような形で、進化し一体化するものだと考える。こうした動きは必ず起こりうることだと確信している。やがて、その先に見えてくるのは「進化した自然農」であるように思う。

## 無難に作る農業へ

高品質多収を目指す、これこそがこれまでの農家が求めてきた大原則だ。だがこれをいつまでも追い続けていいのだろうか。

環境制御型技術やモノのインターネット（ＩｏＴ）、さらに人工知能（ＡＩ）技術で生育診断の自動化や出荷予測といった言葉が、つらつらと新聞記事に登場する昨今である。多肥栽培の次は、環境の自動制御である。だが、ここらで立ち止まって一度考えて欲しい。

高品質多収を長期間実現してきた農場の土で、肥料養分が不足を起こしているところは少ない。稀に微量要素の欠乏が起きるが、ほとんどの場合において、積極施肥という対処法で打開してきているのだ。このため、二十年以上もその状態が続くと、土はもうリセットできない状況に陥っている。減肥して正常値に近づけていくのは技術的に困難で、それ以上に、施肥することで収量を維持してきた農家に減肥を指導するのは難しい。

だが、生活を支える所得維持のために背に腹はかえられずやってきた人たちも、高齢になってくると所得のことよりは、どちらかといえば、無理な過重労働（積極施肥もそのうちの一つ）をせずに無難に作れたらという思いが強くなるようだ。

おそらく、その心境にならないと高品質多収からの脱却は難しいのだろう。本来なら、土が肥満していくということにもっと早く気づいて、無難に作る方向へベクトルを切り替えてもらいたい。

結論から言えば、ＮＮＦの考え方を導入し、自然を利用した栽培にすることによって、それが実現できるようになる。

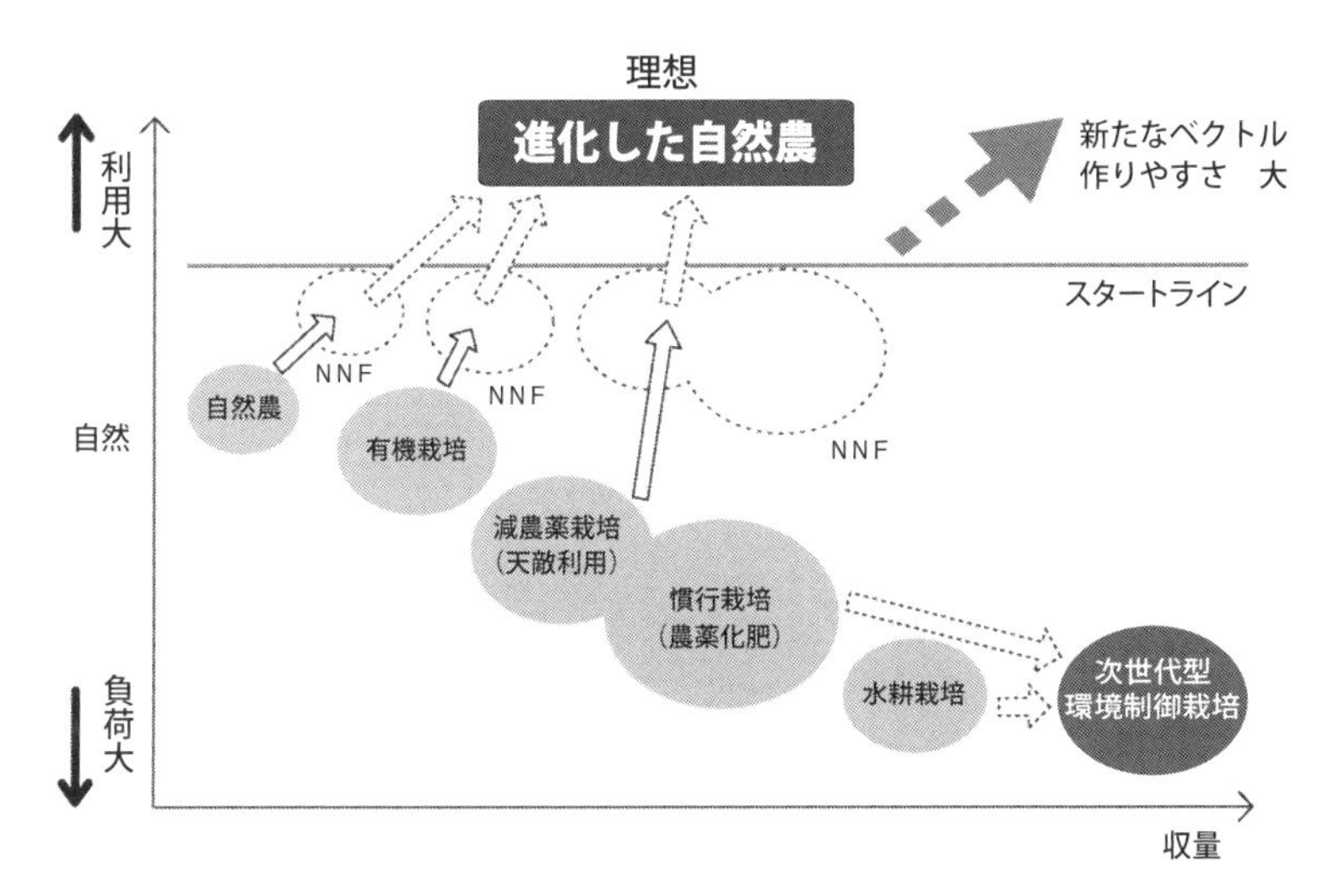


図 19　自然界の力を利用した農業は、自然農である。さらに進化を遂げていく自然農に追随し、農薬や化学肥料、資材などの多投入から脱却する農業を目指す、その途上に NNF はある。

「自然への負荷を小さくする＝自然を最大限に利用する＝作りやすい」なのだ。

現代の農業においては、収入を増やすために、単位面積あたりの収量を高めることばかりが取り沙汰される。だが、どの作目においても共通していることだが、収量を高めれば高めるほど技術的に複雑で難しくなり、どちらかと言えば作りにくいのが実情であろう。その作りにくい栽培技術を、多くの作業者が等しく習得するのは容易ではなく、場合によっては設備も高度で高価になるため、制約条件が重なって規模拡大が行われにくくなる。

一方で、作りやすければ、結果的に少人数でも運用できるため規模拡大が容易になり、収入が増えることとなる。耕作放棄地をカバーしていくには、こちらの作りやすい技術が不可欠と考える。

さて、自然農は自然を利用した栽培法であったが、これをさらに高めて、将来的に「進化した自然農」へと方向付けることで、有機栽培も特別栽培も慣行栽培もそして自然農も、別の次元へと向かわせることができる。

とりあえずは、そのスタートラインに立つための第一歩を踏み出さねばならない。

## 自然により近づく

土耕栽培の水耕栽培との大きな違いは、土の中に含まれるわずかな成分を吸収することができるということである。例えば限度量を超えたヒ素やカドミウム、鉛は多量摂取すれば人体に有害であるが、極微量はなくてはならない必須元素である。これを水耕栽培で補おうとすれば、プールタンクに滴下して希釈するという極めて困難な方法を用いなければならなくなる。つまり水耕では極微量要素を供給するのは難しいのだ。同じ理由で、人為でコントロールされた養液バランスで、栄養価の高い作物を育て上げることにも疑問を感じる。

一方、土耕栽培には不確定な要素がたくさんあり、それらが栽培を難しくさせている。研究機関の試験管の中で成功しても、現場でそれを再現することは難しい。水耕栽培はその点、地域差がないので研究機関と同じ結果を現場で生み出すことが可能だ。やがて多くの土耕栽培が画一的な水耕栽培に取って代わる時代が訪れるかもしれないが、農家は、作物をコントロールしやすいからと、安易に水耕栽培に流れてはいけないと考える。

なぜなら、本当にコントロールしなければならないのは、作物単体ではなく、土をピラミッドの土台とする農地生態系（作物は頂点ではなく、その中の一部）全体であるからだ。

そして、土をはじめとする農空間を永続的に使えるように整備することは、農家が果たすべき責務だからだ。そのために農家は、もっと見える世界を学び、見えない世界を理解し、全体をコントロールする力量をさらに高めなければならない。

土の大切さを力説してきた自然農の実践者は、自然の猛威と対峙し、自然の仕組みを利用する術を、長い時間をかけて習得している。彼らはこれからも進化を続け、自然のダイナミズムを生かした秩序正しい農空間を整備し、今まで以上に作物を作りやすい農業へと成長させるに違いない。

ただし、その高みは、自然農を究めた農家にしか手にすることができない崇高な高みである。

有機農家や一般栽培農家が、資材や肥料を工夫するだけではとても及ぶものではない。だが誰もが少しでも近づきたいはずだ。自然により近づく農空間づくりＮＮＦは、土を生かした普通の農業を、一歩でも自然農へと近づけるための一手法である。

## ＮＮＦの理念

無施肥、無投入
自然のダイナミズムの中で植物を育む自然農

われわれの憧憬すべき存在が、そこにある

未熟な土は、その高みを目指さなければならない

まず今、目の前にあるその土と向き合おう
どのような過程でその土は生まれ、育ってきたのか
そして、これからどこに向かっていくのか

ＮＮＦは、自然農というスタートラインに立つための
ウオーミングアップに過ぎないのだ

第3章

# NNFの実践

## 1　強い繊維を作る

### 害虫・病原菌に克つ

ＮＮＦでは、害虫や病原菌に対して、繊維の壁の厚さと強度を高めることに特化して伝えていきたいと考えている。繊維を大量に作るための原料であるデンプンをできるだけ多く、どの時期であっても、悪天候でも作れるかが鍵を握る。有り余るデンプンは、果実の甘みを増す働きをするが、それが見て取れるのは葉の表面である。

表皮と呼ばれる部分にワックスをかけたようなクチクラ層がある。いわゆる水を弾く油分でコーティングされた層である。この油分が増してくる。そうすると葉は、太陽光を受けて光沢が現れてくる。市販の防虫資材にも銀色に輝くものが多数あるが、これはおそらく葉の光沢に虫が寄らない原理を応用して作られているのではないか。虫の本能つまり遺伝子に、「光る葉は食べることができない」という情報が書き込まれているのではないだろうか。

また繊維は、厚みを大きくするだけでなく硬くすることも大事である。セメントの元になるカルシウムや、ガラスの元になるケイ酸、戦車の装甲や防弾チョッキになるホウ素などが効いていると、繊維がさらに強化される。

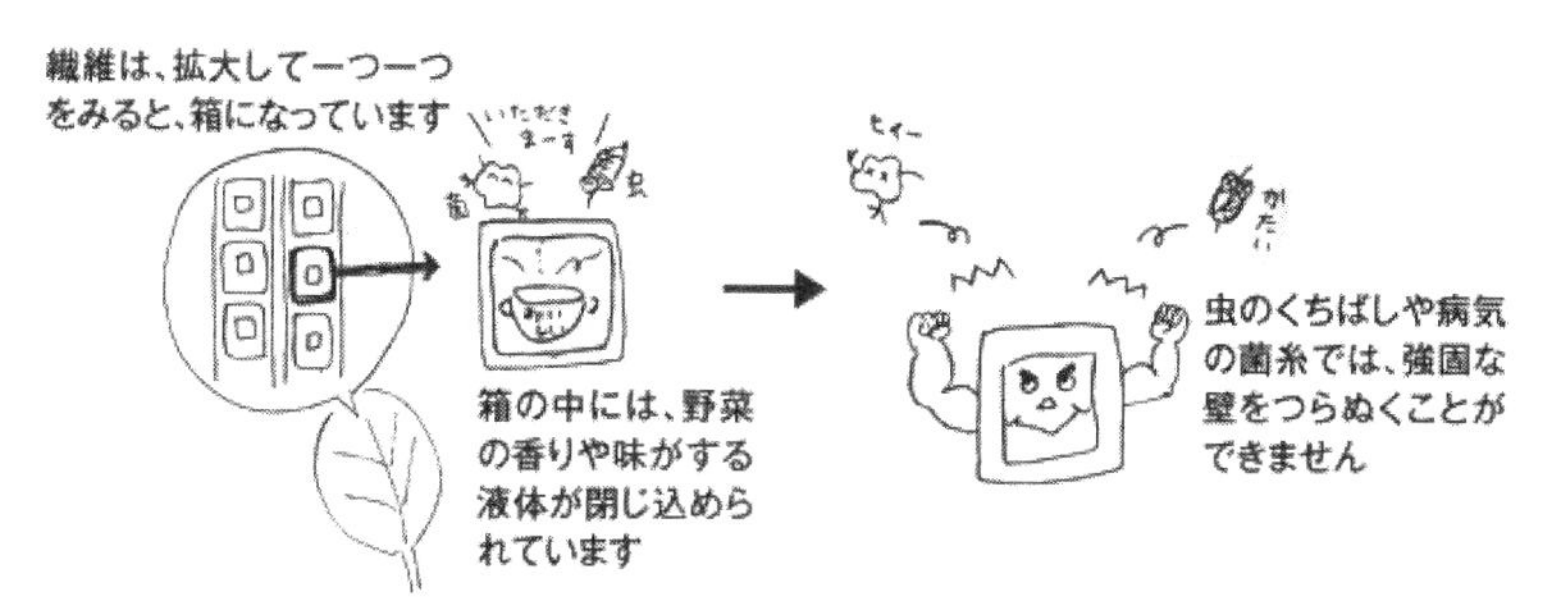


図20　繊維は箱のようなもの。箱を丈夫にすることで、箱の中にある美味しそうな（病原菌や害虫の）餌が、外部に漏れなくなる。

このように繊維が厚くて硬いと、害虫や病気を寄せ付けない。仮に害虫や病原菌が付着していたとしても、減らすことができる。

植物細胞は、細胞壁と液胞とに大別できる。細胞壁はどの植物においても特徴に大差がない。同じ素材でできており、厚みや硬さが少し違う程度である。植物の特徴は、中の液胞に詰まっている。分かりやすく説明するために、ここでは液胞の中身をゼリーと呼ぶ。ゼリーには植物の特徴である味や匂い、栄養価などが詰まっている。

害虫の持つ牙は、細胞壁の中の液胞のゼリーを吸うための器官である。害虫側からすれば、細胞壁が薄くて柔らかいほど、中のゼリーを簡単に吸える。

ところがこの壁が厚くて硬いと、どうしても壁を牙で無理して突き刺さなければならなくなり、かなりの力が必要となってくる。ゼリーに届かないほど厚くて硬い壁に阻まれれば害虫は吸うことができない。細胞壁という盾が、牙という矛を打ち砕くのだ。このことは同じようにゼリーを欲しがるカビなどの菌類（病原菌）の菌糸についても言える。菌糸も壁を縫ってゼリーに届かなければ、寄生することができない。もし同じように壁が厚くて硬ければ、菌糸がゼリーに届くことはない。そうなれば、菌糸も害虫同様、餌にありつけず飢餓状態に陥る。やがて細胞分裂や子孫の卵を宿せないまま、消滅していく。職場（食場）のなくなった過疎地から、人が消えていくのと同じ原理だ。

## 繊維の厚みと匂い

ゼリーは養分が豊富であると同時に芳香を持つ。なのに、繊維がきちんと厚く作られているハウスでは、不思議なほど野菜の匂いがしない。

目をつむってハウスの扉を開けて、一度も目を開くことなく、また扉を閉める。それだけで大体の様子が分かってしまう。例えばピーマンハウスで匂いがハウス内に溢れていたら、扉を開けただけで感じる。一度もピーマンの樹を見なくても、繊維が薄いということが分かる。おそらく水を絞って栽培しているのだろうと、想像がつく。農家から不興を買うので実際にやったことは一度もないが、繊維の厚みの違いを人間の嗅覚が感じるのだ。害虫も然りで、この匂いがするから遠くから集まってくる。もし無臭なら、虫が遠くから来ることはないはずだ。

繊維は、建築でいうところの柱や壁のようなものである。建築では耐震や防音といった機能を持たせるには、柱と壁を厚くし、強い素材を使う。これと同じように、繊維においてもゼリーの匂いを出させないようにするために厚く硬くするのだ。

その結果、葉の厚みも増すことから、（早朝だけでなく）日中においても葉は垂れにくくなり、断面形状はV字になり、光を多く受光する姿勢になる。そうするとさらに光合成産物は増え、繊維がますます強くなることとなる。葉の表面は光沢で輝き、見るからに健康そうである。

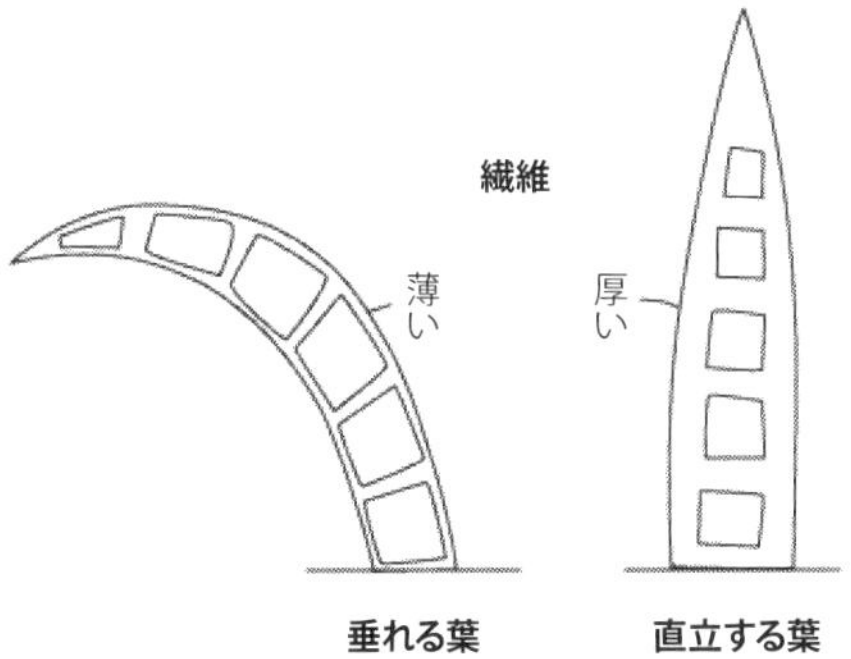

図21　繊維は薄いと自重に耐えきれず、葉は垂れてしまう。だが繊維が厚いと自重が重くなっても直立していられる。

天気の良い時は、化学肥料を多回数施用した方が、窒素成分が良好に働くため、生育の良い場合が多い。逆に、曇天雨天が続く時は、堆肥を入れて有機質肥料で栽培した方が生育の良いことが多い。

天候が良い時は気にしなくてもいいが、悪天候の時に意識しなければならないことがある。それは繊維の厚みである。指で葉の表裏を擦ってみると、健全な生育の時には気づかなかった、繊維の厚みが薄くなっているのが分かる。

葉が薄くなると、同時に葉の表面がぶよぶよして色艶が悪くなり、葉身が垂れてくる。見るからに元気がなさそうな状況だ。ハウスの中で育てている場合には、匂いもきついように感じる。

曇天時の管理としては、露地栽培では雨が供給されるから心配ないが、ハウス栽培では、土壌が乾いていないかを観察する。土壌がいつもよりしっとりと湿っているようにしなければならない。そうしないと、光が少ない上に、温度が上がらないと換気が小さくなり炭酸ガス量も減り、加えて水が少ないと気孔が開きにくくなり、繊維をたくさん作れない。晴天の時に水が必要なのは当然だが、曇天の場合においても水が必要でない訳ではなく、炭酸ガスと水の施用をしっかりできるかどうかで成否が決まる。

## 繊維の味

ぷるぷるとしたゼリーは、しっかりした容器に入れないと重ねることができない。これは容器から取り出したゼリーを皿の上で重ねることができないのと同じである。容器は、繊維という名の壁と柱のことである。この繊維が薄いか、厚いか、さらに分厚いかによって、積み上げられるゼリーの段数は異なる。繊維が分厚いとゼリーは高く積み上げることができる。

さて、この繊維だが、繊維の味を言った人はかつていない。一般的な野菜は、繊維の薄いぺラペラしたものがほとんどだから、味がしないのは当然のことだ。そこで、もしその繊維が分厚かったら、繊維の味がするのではないだろうかと考えた。

生育が緩やかな冬の時期、時間をかけて作ったキャベツを食べてみる。続いてほうれん草、人参、かぶ、大根。畑の野菜を全部ちぎって食べてみる。

「柿の味がする」

口に入れて最初のうちは、どの野菜も同じ味が、することに気づいたのだ。だが、ずっと噛み続けると、五秒ほどして野菜本来の味が溢れてくる。

繊維が破壊されて、中のゼリーが溶け出して口の中に広がり始めているのだろう。中のゼリーの味は野菜本来の味なので、少々キツイ味がする。しかし事前に柿の甘い味が口の中を満たしてくれているので、キツイ味とうまく混ざり合って食べやすくなる。

有機の野菜は優しい味がする、マイルドと言われるのは、このためなのだ。逆に繊維が薄いと、柿の味の前置きがなく、いきなり細胞の中のゼリーが溶け出してくる。キツイ味が一気に口の中に広がる。子どもが野菜嫌いになるのは、こういうことが度々起きているからだろう。

柿はショ糖（九％）を多く含んでいる。ショ糖は、果糖とブドウ糖を合わせたものである。果糖は甘みがとても強くてコクがある。ブドウ糖は果糖の七〇％くらいの淡白な甘さで、この両者を合わせた程よい甘さがショ糖となる。

ところでショ糖が出てくると、別の説が考えられる。植物はデンプンをショ糖に変えて師管を通じ各器官へと送る。この時のショ糖が残っていて味を感じているのではないだろうかという説である。だが、それなら一般の野菜においても同じくショ糖の多いものがあるはずだ。だが、柿の味に出会ったことはない。それにこの説だと、最初にショ糖の味が五秒ほどすることの説明ができない。一般の野菜との明らかな違いは、ショ糖の多さ、少なさではないように思う。やはり繊維の厚みであり、そこに含まれる糖の多さではないか。

ところで、繊維と混同する食物繊維は反芻動物以外、直接は栄養吸収することができない。したがって、「繊維は味がする」というのは、繊維＝炭水化物（糖質＋食物繊維）として考えるならば、食物繊維は味がしないけれども、糖質を含んでいるので繊維は甘いということで説明ができる。

つまり植物生理でいうところの繊維と、栄養学でいうところの食物繊維とを混同しなければいいのだ。

## 太陽エネルギーを摂取する

夕方お腹が空いたら、畑の野菜をちぎって口に放り込む。夏の暑さで汗をかいて失われた鉄分を補うのに、リコピンを含んだトマトは最高だ。トマトの畝には鉄肥料を事前に入れており、他の作物よりも多めに含有するように準備してある。食べると少量であるにもかかわらず、空腹感が消え去る。少量でも、エネルギーに満ちた野菜だということだ。

トマトを定植して最初に育つ実を熟す前に摘果して食べてみると酸味も甘みも弱い。このことから、小さい葉だけで野菜を育てても味が良くないということがわかる。また肥大期に強風で葉を落とした果実は、味が極端に落ちる。身近なものに喩えるなら巨大な太陽光発電所と小さな家庭用太陽光パネルでは、発電量がぜんぜん違うことから理解できよう。葉とは、進化論的に言えばシアノバクテリアを表面に敷いたソーラーパネルなのだ。

自然農でも、土壌中の窒素が明らかに不足した状態では、大きな葉を作ることができず、結果としてデンプン製造が少なくなり、甘さ不足や病害抵抗性の弱い野菜に仕上がる。大きく太陽光を受け止めるV字型のしっかりとした葉を作ることが大事なのだ。

太陽光を受けて、水というカロリーゼロ（エネルギーゼロ）と二酸化炭素（燃焼済みでエネルギーゼロ）を光で合成して、デンプンを作る。デンプンには、太陽のエネルギーがブドウ糖（$C_6H_{12}O_6$）という形で蓄電されている。

それはそれぞれ師管によって流れた先で、繊維となり実となって、それを食した人間が最終的にその太陽エネルギーを糖質摂取という形で取り出すことができる。もし、ブドウ糖や繊維の少ない実を生産してしまえば、それは取り出すエネルギーの少ない実ということとなる。つまり太陽エネルギーの不足した、力のない実である。

力のある野菜を食べて元気になったということは、質の良いエネルギーを摂取できて、それが源で体が動いたということになろう。

消費者には是非、野菜という物を農家から受け取っているのではなく、野菜という容れ物に入った太陽エネルギーを受け取っているのだという、新たな概念を持ってもらいたい。

## 2 炭素と窒素の比率と土

### 土は安定を求める

畜産農家である筆者は、堆肥づくりにおいていくつかの課題がある。一つには、日々生産される堆肥を毎年自分の圃場に還元できるようにすること。つまり過不足なく持続的に投入できるようにすること。そして、地質と植生に深い関係がある高知県佐川町は多様な土壌が狭いエリアに分布するので、どのような土に対しても適す堆肥にすること。さらに堆肥舎の近くには住宅があるので、悪臭が及ばないようにすることである。

これらを解決するために、保有する全ての農地に適した堆肥とは何かと考えた時、まず全国の土のＣ／Ｎが12であることに着目した。この数字に近い堆肥は、常に土のバランスと同じということでもある。土のバランスと同じであれば、もし万が一入れすぎてしまっても、窒素不足を起こすことがない。つまり失敗のない堆肥だということになる。

Ｃ／Ｎが12より高い場合、それは窒素が不足している堆肥ということになり、土の比重などの物理性改善に用いられる。逆に低い場合には、窒素が多いことになり、肥料として使うことができる堆肥ということになる。この中間に位置するのが12の堆肥で、物理性改善と肥料の両方の働きを合わせもつ。

全国の土が12であるのは、土が12という安定を求めているというふうに筆者は考える。

木質系の堆肥のように12より大きい材料が入れば、12になるために12より小さい材料を欲しがる。もし12より小さい材料をもらえない場合、その時に土が発する悲鳴が、窒素飢餓という症状である。

逆に化学肥料のような12以下の材料が入り続けると、センチュウが増殖していき、土壌病害が多発する。これも土の悲鳴である。

## 有機農業に適した堆肥

課題の二つはC／Nを調整することで解決できた。だが次の課題、悪臭を出さないようにすることはなかなか難しい。悪臭の原因はアンモニアと硫化水素である。硫化水素は道路側溝のドブから発生する事例のように、水の中で有機物が黒く腐敗することで起きる。つまり水と有機物の縁を切ってやることで、この問題は解決する。雨水などの流入をなるだけ防ぐことや、堆肥のコンクリート盤（アルカリ）との接触面の通気を良くすることで、ある程度防げる。

続くアンモニアの発生には、アンモニア化成菌という菌の働きがあることを知り、この菌の働きを抑えることで減らせないかと考えた。アンモニア化成菌とは最も身近な菌である、納豆菌である。

納豆菌は、造り酒屋で最も嫌われる菌であるが、その理由は麴から引き継ぐはずの酒酵母の立場を奪って暴走するからだ。筆者も暴走菌を利用したぼかしとして納豆菌を有効利用しているが、繊細な菌を扱う人たちにとっては厄介な菌である。

けれども、この菌は八〇℃になっても死なない高温菌の特徴から、日本全国の堆肥づくりに役立っている。堆肥づくりは、糞の中の水分が飛ぶ（蒸発）ことで、かさ（量）が減って、減容化することだと考える畜産農家が少なくない（注：減容化のみを考えたら、正論であるが、合格点ではない）。

水分を飛ばすには、温度を高めるしかない。当然ながら六〇℃よりも八〇℃の方が、水分が早く蒸発する。減容化には、温度上昇しても活動を続けることのできる働き者の菌が要なのだ。だが、この場合、副産物としてアンモニアが発生する。アンモニアは空気中を漂い、拡散する。アンモニアの元の形は、たんぱく質の形をした窒素である。結果として、窒素を堆肥づくりの過程で損失しているのである。

ところで、窒素成分は尿素などの化学肥料で賄うから大丈夫というのが、大半の園芸農家の考えである。実際に流通している堆肥は、化学肥料との相性が最高に良い。つまり両者のバランスが取れ、最高の効果が現れる。

園芸農家が窒素の強い化学肥料を使ってくれるから、窒素の少ない堆肥を畜産農家は供給しても良いのだ。国をはじめとするほとんどの指導機関が、九九％の普通の園芸農家（残り一％以下は有機農家）に、堆肥と化学肥料のセット栽培体系を推奨するのはこのためである。

一方、有機農家はどうだろうか。一般農家に使い勝手の良い堆肥を用いても、有機農家は化学肥料のような強い窒素を使っていないので、窒素を少量含んだ有機質肥料（土壌中に過剰気味にあるリン酸やカリを含む）に頼って、それらを大量に入れなければならない。その結果、慣行農家よりも多く不要な成分（リン酸やカリ）が投入され、土壌塩基バランスが悪化してしまうのである。

だから有機農家は、窒素を残した堆肥を効率よく使うことが必要なのだ。それには、一般農家が使う堆肥ではなく、酒屋が酒を作るように、繊細な菌で堆肥を仕上げる必要がある。

## 肥料の濃度

濃い肥料、薄い肥料という場合、袋に表示されている窒素成分の割合（％）が多いか少ないかの基準でいうことが多い。確かにその言い方は正しく、濃い肥料が施肥されるとその分、成長が盛んになるし、薄い肥料を入れると成長が緩やかになる。長く肥料を効かせたい場合には、薄い肥料を用いる。

だが、濃い薄いという言い方では混同するので、ここでは窒素肥料の窒素成分の多さを、「強い、弱い」という言い方に変える。化成肥料について言えば、強い肥料は高度化成を指し、弱い肥料は有機入り化成のことを指す。

さて、強い肥料、弱い肥料は置いておき、濃い肥料、薄い肥料について説明する。濃い、薄いは、前述のC／N12との距離を指す。12が土の中央値であるので、12に近いほど「薄い」。12より数字が小さくなればなるほど、窒素の割合が高くなるので、つまり窒素が「濃い」。逆に12より数字が大きくなると、炭素の割合が高くなるので、つまり炭素が「濃い」。いずれにしても12からより遠ざかれば遠ざかるほど、濃くなるという表現をする。

ちなみに筆者の牛糞堆肥は作り方を工夫しているので12であるが、他にも、焼酎かすや茶かすが12で、豚糞やおから、ビールかすなども11と、中央値に近い。これらの資材は薄いということになる。

薄いものは土に限りなく近く、例えるなら肥沃な土のようなものだから、大量に施すことができるのが特徴である。また誤って多く入れてしまっても、C／Nを調整する必要がない。

豚糞はC／N11で分解が速く肥料の利用率が七〇％と高いため、最近の技術情報で、サツマイモを良品多収するのに豚糞堆肥を大量に用いているという話題があった。同じく豚糞堆肥を大量に施して、太陽熱養生処理をすることで、ニンジンを有機栽培で多収している農家もいる。

## 施肥のバランスをとる

この濃い・薄いを農家がうまく理解するには、施肥シーソーという考え方を用いる。

まず遊具のシーソーを思い浮かべてほしい。シーソーの板と支える土台。板の左が起点の〇で右にいくに従って数字が大きくなる。土台のところにあるのは12である。12がシーソーの支点ということである。支点より遠くなればなるほど濃く、支点に近ければ薄い。

シーソーの右側に炭素の高い資材、左側に窒素を主成分とする資材を置くと考えると良い。この施肥シーソーは、シーソーに載せる材料を選び、その施用量を決めるのに用いる。濃い材

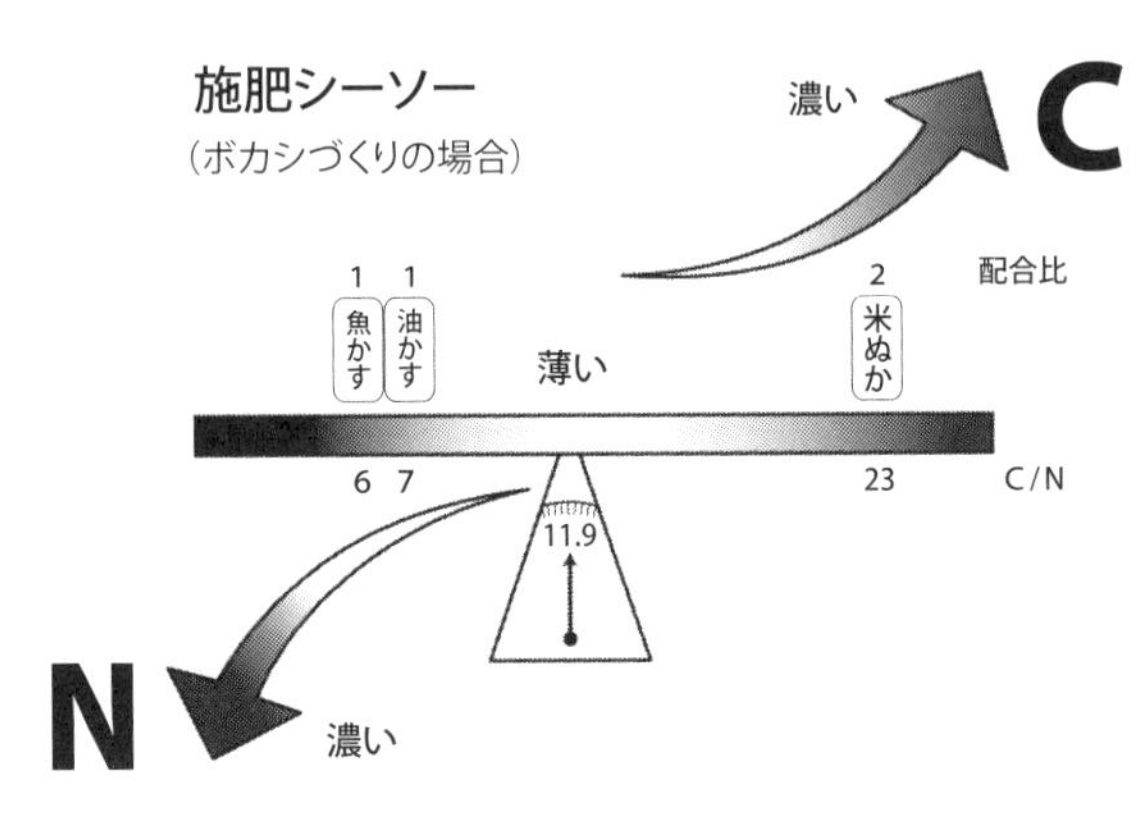


**図22**　C/N12が支点にあるので、そこを境にC（炭素）が大きくても、N（窒素）が大きくても支点から遠ざかってしまう。なるだけ12に近い素材を合わせた方が、バランスを取りやすい。

料を片方に用いると、釣り合いを取るために、もう片方にも濃い材料を用いるかあるいは、薄い材料を大量に用いなければならない。

炭素の高い堆肥を大量に入れると、もう片方にはC／Nがゼロの窒素の高い化学肥料を用いると釣り合いが取れる。一般流通の堆肥には化学肥料がピッタリというのはこういうことである。

ここで例題を示す。施肥シーソーを使って、ぼかし肥料作りを設計してみる。

12より小さい数字の油かす（C／N7）魚かす（同6）と、米ぬか（同23）で、配合比を一：一：二の割合で混ぜ合わせる場合を考えてみる。

この際、C／Nだけでは計算できないので、表3のように窒素率も計算式に入れる。そして、一kgあたりの窒素量を炭素量と計算する。一kgあたりの窒素量は一〇〇〇gに窒素率を掛けると良い。一kgあ

有機質資材の配合（C/Nの薄い順に並べたもの）

| C割合多い | N割合多い | C/N | 窒素率 % | 1kg当たり炭素量g | 1kg当たり窒素量g | 配合量 kg | 配合 炭素量g | 配合 窒素量g |
|---|---|---|---|---|---|---|---|---|
| 焼酎かす | | 12 | 5 | 600 | 50 | | | |
| 茶かす | | 12 | 5 | 600 | 50 | | | |
| | 豚ぷん | 11 | 4 | 440 | 40 | | | |
| | おから | 11 | 4 | 440 | 40 | | | |
| | ビール粕 | 11 | 3 | 330 | 30 | | | |
| 牛糞 | | 16 | 2 | 320 | 20 | | | |
| | 鶏ふん | 7 | 5 | 350 | 50 | | | |
| | 油かす | 7 | 5 | 350 | 50 | 1 | 350 | 50 |
| | 魚かす | 6 | 7 | 420 | 70 | 1 | 420 | 70 |
| 米ぬか | | 23 | 3 | 690 | 30 | 2 | 1380 | 60 |
| コーヒーかす | | 25 | 2 | 500 | 20 | | | |
| 落ち葉 | | 30 | 0.3 | 90 | 3 | | | |
| 稲わら | | 60 | 0.6 | 360 | 6 | | | |
| もみ殻 | | 75 | 0.5 | 375 | 5 | | | |
| 竹粉 | | 280 | 0.1 | 280 | 1 | | | |
| 杉おがくず | | 640 | 0.1 | 640 | 1 | | | |
| | | | | | | 計 | 2150 | 180 |
| | | | | | | | C/N | 11.9 |

**表3**　（油かすの炭素＋魚かすの炭素＋米ぬかの炭素）÷（油かすの窒素＋魚かすの窒素＋米ぬかの窒素）＝2150÷180＝11.9

たりの炭素量は、C／Nの値に一kgあたりの窒素量を掛け合わせると算出できる。そのようにすれば炭素量と窒素量はそれぞれ、油かすは三五〇gと五〇gになり、魚かすは四二〇gと七〇g、米ぬかは六九〇gと三〇gとなる。

そして、一：一：二の配合比で混ぜると米ぬかの配合量だけが二倍になり、一三八〇gと六〇gになる。これを炭素は炭素で合計し、窒素は窒素で合計する。そうすると縦の合計は、炭素量が二一五〇gと窒素量が一八〇gになり、これらを分数するとC／N11・9が計算される。

一：一：二の配合比は一般的なぼかしづくりと同じような配合だ。これに水を混ぜて、納豆菌を添加して発酵させるとアンモニアガスが発生するために、窒素分が減って若干炭素寄りになるため、12より高くなる。この配合であれば乳酸菌と酵母菌を使って、嫌気状態で徐々に発酵させなければならない。

もし、納豆菌を使って短時間で仕上げたい場合には、油かすか魚かすを増量する。そうすると、配合したC／Nが11くらいになる。これだと少々、アンモニア化して窒素が減ったとしてもぼかしの仕上がり時には、C／N12になっている。

## 3　土の許容量を見る

### CEC（塩基置換容量）とPHの関係

本書では独自の理論をいくつか展開しているが、その中でも土づくりについてこれまでほとんど書かれていない概念を述べる。

その一つが、CECとPHの関係である。酸性やアルカリ性といった数値は、CECという土の胃袋に対して、図23のようなモデルで説明することができる。

円筒形をした容器があり、中には肥料養分の溶けた液体が入っている。容器の底面の大きさには違いがあり、小さい底面があれば、大きな底面もある。この底面積の違いがＣＥＣの違いなのだ。

教科書に書かれている、「ＣＥＣ＝胃袋」の図式の理解を試みる人の多くは、どうしても三次元的な胃袋を考えてしまう。だが、ＣＥＣは二次元と捉える方が理解しやすい。ＣＥＣを大きくするということは底面積を広くするということだ。容器の高さは同じで底面積が違うと、容量も同じように違ってくる。底面積を大きくすれば容量も大きく、小さくすれば容量も小さくなる。この時点で教科書と同じように三次元の胃袋と捉えることができる。

そしてこの容器は上から液体が入るようになっており、下からは出ていくようになっている。上からの液体は農家が行う施肥であり、下からの液体は作物が吸収したり、流亡したりすることで減っていく。農家が施肥を行えば、容器の水面は上がるし、行わなければ水面はそのまま維持される。大量に施肥をすれば水面は高く上がり、施肥量を減らせば水面はあまり上がらない。

ここで、底面積が違う容器を比べてみる。農家が同じ量を施肥したとする。底面積が小さいＡの場合は、入れる前より水位がかなり高くなる。一方、底面積が大きいＢの場合は、水位は少し高くなるだけだ。

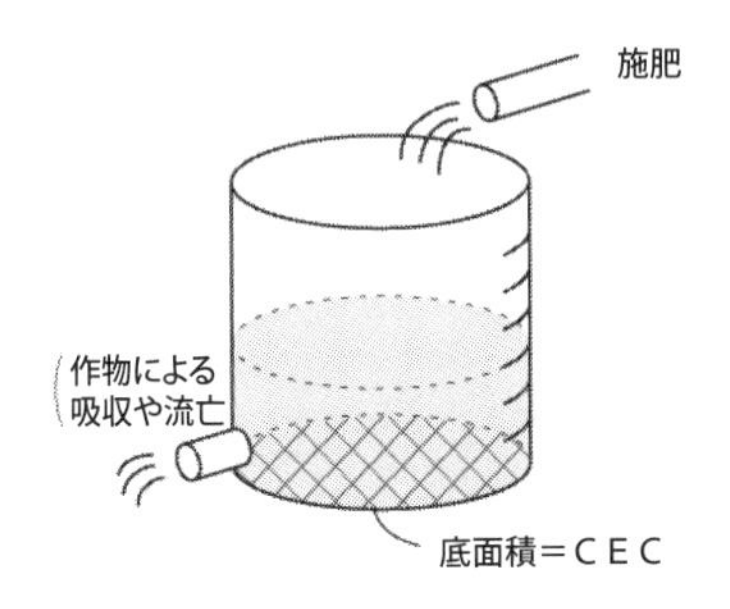


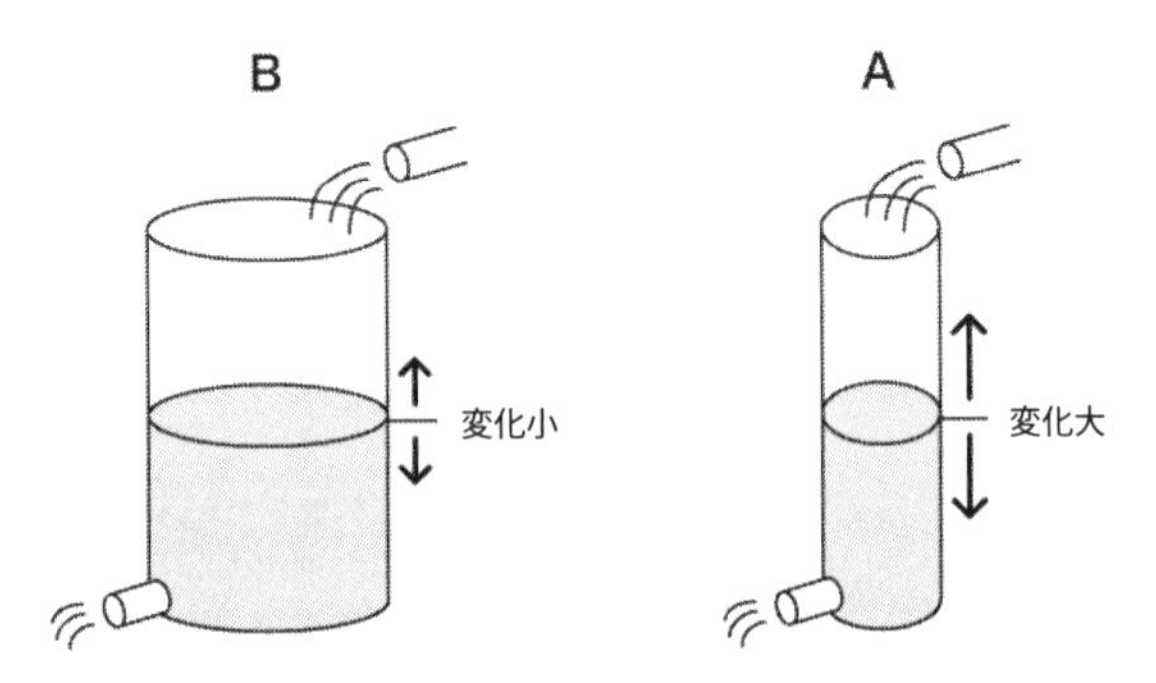


**図23**　CECが大きいということは、底面積が大きいということになり、蓄えられる液体は多くなる。そのため作物吸収や流亡が起きても、液体の総量は減少しにくい。

下から出ていく場合も、作物の吸収があると水面が下がり、作物がとれず作物吸収があまりないと水面の下がりが小さい。ここでも容器の違いを見てみると、Ａの場合は作物の吸収によって大きく水面が下がる。Ｂの場合は、作物の吸収による水面の変化は小さい。

ちなみに、この水面の高さを見るための目盛。これがＰＨ（肥料養分の背丈）である。つまり、底面積が大きいと水面の変化が小さく、底面積が小さいと水面の変化が大きい。そのままＣＥＣとＰＨに置き換えると、ＣＥＣが大きいとＰＨの変化が小さく、ＣＥＣが小さいとＰＨの変化が大きい。

さらに底面積×ＰＨの数値が、塩基飽和度（ＣＥＣの何％が交換性陽イオンであるカルシウム・マグネシウム・カリで満たされているかを示したもの）一〇〇％である。

図24を見てもらいたい。模型の円筒は柔らかい素材でできているので、過剰な施肥が続き、円筒の側面が液体の圧力で押されると膨らみ始める。つまり水面の高さはある高さから上がりにくくなり、液体の側面への圧力が高まる。これが、塩基飽和度が一〇〇％を超えた状態なのだ。

ＣＥＣは土の胃袋で、ＰＨは土の背丈であり、塩基飽和度は土の太さ（肥満度）であると覚えておくと良い。

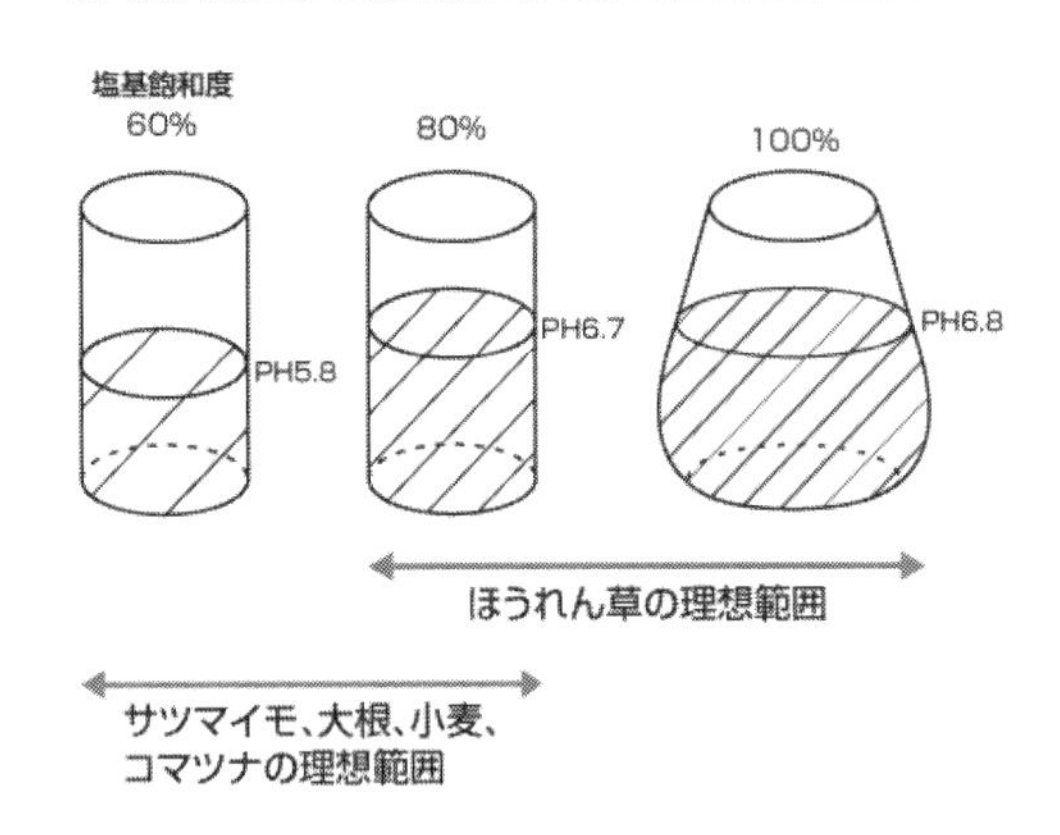


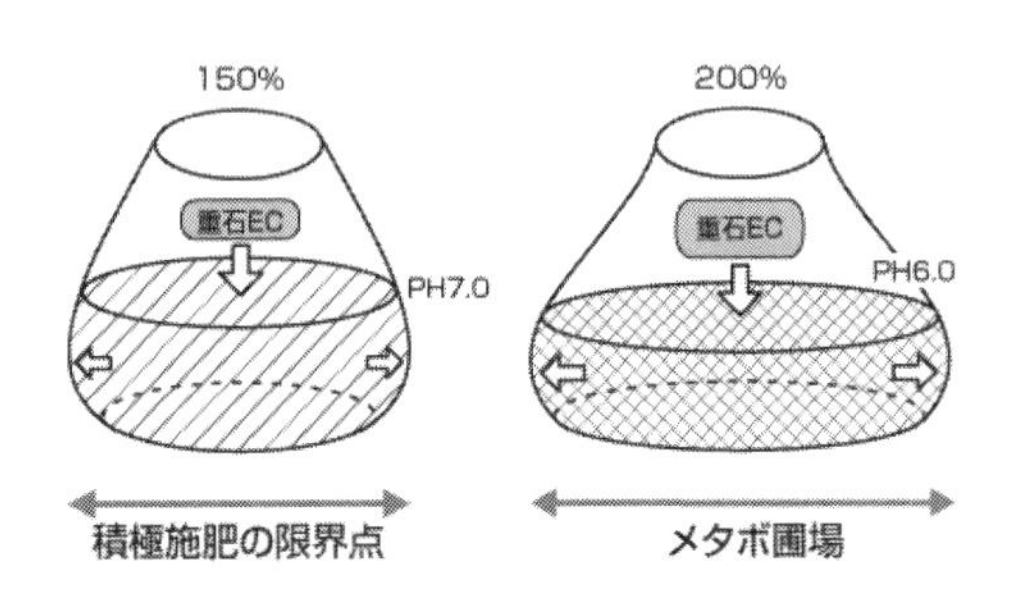


※塩基飽和度、PHはあくまで目安

**図 24**　肥料はたくさん入れれば入れるほど良くなるものではない。理想範囲内に安定的に維持することで、いつまでも作りやすい状態を続けられる。

## 露地とハウスの土の太さ

土壌分析結果から施肥設計する際には、土性だけでなく作目や栽培方法によっても異なるので、設計には注意を要する。特に露地圃場とハウス圃場では、蓄積された肥料の量が大きく違うので、そこが設計のポイントとなる。

まず通常は、目標収量に見合った施肥設計を行うのが一般的な方法である。露地栽培で収穫期間が三ヶ月しかない作物と、ハウス栽培で収穫期間が八ヶ月ほどある作物とでは投入される肥料の量が全く違う。加えて、ハウス栽培は湛水や降雨による除塩が難しいので、陽イオンから切り離された陰イオン（硝酸イオン、硫酸イオンなど）が土壌中に蓄積している。この陰イオンがＥＣ（七〇ページ参照）を高める。

さて全国的な数値の平均で話をすると、露地圃場では、ＰＨが五・五から六・七（注：根こぶ対策をしている圃場は七を超える）の範囲が一番多いが、その際に塩基飽和度を見てみると、六〇から一二〇％までの範囲で、ほうれん草の理想の塩基飽和度の範囲である八〇～一二〇％とほぼ一致している。つまり、露地栽培では積極的な施肥をしても、問題は起きにくいと言える。

ハウス栽培では、ＰＨが五・八から七・〇と、露地圃場と比べて若干（〇・三ほど）高い程度である。ところが、塩基飽和度は六〇から三〇〇％と圃場によって大きく幅がある。つまり土が持てる以上の陽イオンが溢れているということである。PHが七で塩基飽和度一五〇%という数値は、積極施肥で土づくりに励んできた限界点でなかろうかと思う。

だが、そのことに気づかずにさらに継続して積極施用をすると、塩基飽和度が上がり続けるだけでなく、先の陰イオンがPHを下げていくという逆転現象が起きてくる。よって、熱心な農家の土は、素人には難しいという皮肉な状況が起きてくる。こうなるとメタボ圃場と呼ばれ要治療の域に入ってくる。

CECとPHの関係を図23で現したが、この塩基飽和度やECについても模型化すると図24のようになる。この円柱は、側面が柔らかく、膨らみやすいという特性がある。そのため上から施肥を続けると、中の液体は濃くなり、圧力が側面にかかって膨らむようになる。この状況が塩基飽和度が一〇〇%を超えて高くなっていく状況である。一方、塩基飽和度が一〇〇%に足りない状況であれば、液体は薄く、理想の濃度に達していない。それはまだまだ施肥しても大丈夫ということである。サツマイモや大根などの根菜類、さらに小麦やコマツナなどは薄い方が適している。

さてメタボに陥りやすいハウス圃場は、図24のように円筒の形も崩れてしまっている。なぜなら、ECが円筒の上から重石(おもし)のように押し下げているからだ。図からも分かるように、液体の水面が上がれば、少しは側面の膨らみも和らぐはずである。だが、重石があり続けることで、

ＰＨが中性で維持できなくなってしまう。

よってこの場合は、塩基飽和度を抑える原因のＥＣという重石を取り除いてやることで改善できる。表土を除去する、湛水処理、クリーニングクロップ（緑肥）を使って原因となる硝酸イオン等を除塩するなどしなければならなくなる。

なお、このＥＣ上昇によるハウス圃場の悪化は、灰色低地土などの沖積土で起きやすく、イオン交換能や保水力の大きい、黒ぼく土は起きにくい。灰色低地土の対策としては、稲わらなどのＣ／Ｎの高い粗大有機物を入れるなどで土性を変えていき、未然に防ぐ方法が望ましい。

## 自然の復元力を利用

足元の土には成り立ちがある。どこから来たのか、そしてそれはどこへ行くのか。つまり土は増えるのか、減るのか、土質は変わるのか。

土は生きていない無生物なので、非常にシンプルだ。だが、そこを住処とする有機生物の存在があることで、その働きによって土はまるで生きているかのように、複雑な変化を繰り返す。炭素や窒素などの化学成分が、無機と有機の間を行ったり来たりするのだ。

土の運命は、生物による撹乱を除けば、その多くは気象、流水、人為に委ねられている。上流から水によって運ばれて来た土は堆積する。雨で表土を喪失する。風で隅へ寄せられる。細かい粘土は、砂の隙間を抜けて重力で地の底へ沈降していく。土は、大気や水の趣くままに移動する。

例えば上流から運ばれて来た肥沃な土が、洪水のたびにかさが増えるようなら、あえて土づくりは必要ない。作物は土とともにある。

過去に文明の栄えたところが、常に氾濫域であったことからも説明がつく。肥料という概念のなかった時代においても、無肥料で作物がずっと作り続けられてきた。農耕文化が広がり、上流から土の補給がない離れた場所にまで耕作範囲を広げるため、人間のとった選択が、肥料という手段だった。

だが、土は人為による補給がない場合、どうなるかというと、元の姿に戻ろうとする。つまり土は本来の姿に還ろうとするのだ。還っていく期間に、土は保持できなくなった栄養素を手放していく。そしてどんどん手放していくことで、本来の姿に還れるのだ。自然農はこの原理をうまく利用している。

本来、人間は土が手放した栄養素を利用して作物を作っているだけなのだ。砂質土に肥料を大量投入した場合を考える。この場合、施用された肥料により膨れた土の姿と、本来の姿があまりにもかけ離れているので、土は大量の栄養素を短期間で放出してしまう。そのスピードが速いから、土壌中に濃い肥料濃度が現れ、それを吸った作物が栄養過多になり、病害虫に襲われる。そうした土は土づくりが必要で、栄養素を少量ずつ長時間放出できるように調節してやるのだ。

逆に強粘土のように土が栄養素を手放さなくなる場合もある。そうした土は川砂を客土するなどして手放しやすくしてやることで、少しずつ栄養素が出るようになる。

だから人間がすべきことは放出のスピードを減速させたり、加速してやることなのだ。スピードを緩めて、土が手放す肥料を少量にさせる。そうすることで、保持している肥料を人間の思い通りに、土は放出してくれることになる。

## 好適PH範囲に応じた作付け

土づくりに関する本はたくさんあるが、実際に、なぜ土づくりをするのかを書いた本は少ない。土づくりは、「肥料濃度が急激に増減せず一定になるように、土が栄養素を作物の必要分だけ小出しできるようにすること」である。肥料濃度の変動が少なくなれば、土のPHの変動も小さくなる。

作物には適したPHがあって、それを「好適PH」と呼ぶ。このPHの範囲が広い作物と狭い作物とに分類される。PHが五・五から六・五くらいの間にある作物が大半であるが、PHが変化することで生育に変化が現れてくる。図24の通り、ほうれん草はPH六・五から七・◯

くらいと高くて狭い範囲にある。ＣＥＣが低い土づくりができていない土だと、生育後半にかけてＰＨが下がるため、後半の生育が良くない状況となる。収穫まで生育を良好に保つ必要のある好適ＰＨが狭い作物は、事前の土づくり、つまりＣＥＣを高めてやることが必須となる。ＣＥＣが高く上がっていない土で何かを作るのならば、好適ＰＨの広い他の作物を作った方が良い。

栽培する作物が決定されていないと、土づくりの必要性があると断言できない。言い換えるなら、何を作るか分からないが、とりあえず土づくりをしてみようというのは誤りなのである。どのようなＰＨでも大丈夫という作物、例えばコマツナ、サラダ菜、大根などは土づくりがあまり必要ない。むしろ土の塩基飽和度やＥＣが上がり肥沃化しすぎないようにすることである。ＣＥＣを高めるのは、たくさんの施肥をする予定があるからである。施肥を多くしない場合には、ＣＥＣを高めず施肥量を抑えた消極的な施肥を心がけることの方が大切である。

## 4　農地生態系を複相化する

## 鉛直方向の親和性の向上

農地において境界面は複数箇所、目にすることができる。水平方向では、隣接する農地との境であったり、法面、水路、森林など、人工構造物との境が存在する。また鉛直方向では、空気と表土の境界、作土と下層土との境界、根が届かない基層との境界、地下水との境界。他にも、根が伸びる範囲の有効土層の境界、さらには耕盤やすき床など、様々な境界面が存在する。

鉛直方向において、こうした境界面が複数あればあるほど、その中に囲われた土の容積は小さくなる。小さい容積は、外部からのインパクトを受けやすい生態学的な特徴がある。例えば地下水位が高くなってくると、有効土層が浅くなる。それだけでなく下層土の湿度が高くなり、適湿の作土が狭くなる。つまり栽培できる作物が、湿度に順応できる作物に限られてくる。条件が合わない場合には根腐れなどを誘発する。

鉛直方向はなるだけ境界面の数を少なくすること、それは主たる作土の容積を大きくすることである。言い換えるなら、異なる性質の土質を複数ではなく、単一しかも同質な土質にすることで、作物を作りやすくするのだ。

現在の多くの農地は上下に二分化しており、土の構造や土壌微生物が単相化している。これを混ぜ合わせることで、水の淀みが形成され、団粒が豊かになる。結果として団粒を住処とする多様な生物が生息することができ、複相化させることができる。

では、融合の難しい表土のような境界面においてはどうするか、そこでは親和性を高めることが必要となる。コンクリート面を思い浮かべてもらいたい。輻射熱を受けて短時間で蓄熱するが、放熱するのも速い。また水を与えてもすぐに蒸発してしまう。こういう境界面は空気と衝突する。

雑草防除のため、マルチフィルムを用いることを余儀なくされている農家がほとんどであるが、これはコンクリート面と大差ない。本来なら堆肥マルチのような緩衝能を持つ資材で土壌表面を保護した方が、作物の生育には望ましい。これによって地温の急激な上昇を避けられるし、堆肥が持つ多様な機能を地上部にも地下部にも届けることが可能となる。

## 水平方向の親和性の向上

土壌中の淀み空間は、土壌を反転させることで作り出すことができる。土壌構造に手を入れ、後は水が重力方向に流下していく過程において、浸食運搬堆積の原理で作り出していく。ところが水平方向となると、淀みを作るのに水流という訳にはいかない。どちらかというと風であろう。風あるいは大気の状態であると考える。

地上部の淀み空間は、微気象で起きることであり、例えば夏場でも空気の塊が冷たい状態を維持できる場所では、秋冬野菜の苗の生産に適している。徒長せずしっかりとした苗が作れるからだ。また冬でも暖かい空気の塊がある場所では、逆に春夏野菜の苗の生産ができる。こうした空気の塊を作り出す要因となっている水場や木陰、陽だまりなど、そうした自然要素との連携が非常に重要である。

さらに微生物においても、果樹園が近くにあれば落果して発酵する過程で酵母菌がいたり、堆肥舎の近くでは様々な有用な菌が生息していたりして、カビなどの発生が軽減される場合がある。つまり年中を通して常駐している菌がいることで、外部からの侵入を防ぐことができる。

他にも境界の草地に、ハーブを植えて害虫の発生を抑える、彼岸花でモグラを忌避させるという方法もあるが、効果のほどは定かではない。むしろ麦を植えてクモやゴミムシを増やしたり、ゴマやソバを育てることでタバコカスミカメやヒメハナカメムシ、ヒラタアブなどの天敵を集める、バンカープランツ（天敵温存植物）の方が害虫防除の効果は見られる。とくにバンカープランツの中では、スカエボラがヒメハナカメムシ、カブリダニなど天敵を保護、強化する能力が高いようである。

ところで、先述の土本氏の果樹園のすぐ目の前には、福留氏が設計した現場がある。この小河川の近自然化は、河川技術者と農家、住民らが一体となって進めてきた経緯がある。二手に分かれた河川の全面改修だけではなく、トンボのビオトープや屋根付き橋も住民が自主的に建設し、さらにこの近自然化の運動の高まりで、地元の小学校の横を流れる河川も設計されるよ

図25　川づくりにおいて、水空間整備は河川技術者の役目であるが、その周辺の整備は地元住民の知恵アイデア次第である。豊かになるのは、生息する生物だけではなく人の心も同じである。

うになるなど、面的な広がりも見せている。

小河川の昆虫をはじめ生態系を豊かにする小さな集落の取り組みは、近隣の果樹園、水田、畑などの農地にも少なからず好影響を与えているはずである。

近自然化は、隣接する自然要素の効果を最大限に引き出すことが大事で、そのためには空間配置であったり、種類、生息密度、管理をどのようにするかの綿密な農空間設計が今後も求められていくだろう。

## 森の生態システムを農地に活かす

森の中に入ってみてもらうと分かるように、木が倒れて幹が分解され、そこを温床に苗木が育つといった、倒木更新はなかなか見られるものではない。それよりも枝と葉が林床に積もったところに、苗木が育っている光景の方が普通に見られる。落ち葉の深く積もるところは、下の方は湿気が十分あり、徐々に分解が進んで形もボロボロで、ゆっくりと土に変わろうとしている。そういう土壌には、多くの木の種子が発芽していたり、雑草が生えていたりする。倒木した幹ではなく、あくまでも枝と葉が主体の土づくりだ。

人間が森の資源を利用する場合、森から持ち出すものと、置いていくものの二つがある。前者が木の幹で、後者が枝と葉である。そして加工に回るのは当然、幹の内部から取れる直方体の角材で、それ以外の外皮のついた背板は処分される。そして用途に合わせて加工される鋸クズがオガクズとなる。オガクズは森の中では、幹に該当する部分で、C／Nは五〇〇以上である。

森の中で倒木更新するには、幹が分解し腐熟して培土にならなければ、苗が育つことができない。自然界では最低でも三十年以上の分解時間がかかっているのだ。

それを人間は、わずか九十日ほどで堆肥化している。オガクズに家畜糞を混ぜ空気を送り込んで高温にして、繊維を分解する強力な菌を使うことで商品にしているのだが、約一二〇分の一の時間で、苗が育つ土になるものだろうか。

時間を短くしているのは堆肥の生産効率を上げるため（畜産農家から日々持ち込まれる糞尿

を製品にして堆肥舎から順次運び出す）で、糖やセルロースが分解されて温度が一時的に上がり、それを冷まして完成品となる。だが、完成品であっても、土になるにはまだまだ分解がされなければならない物質がたくさんある。難分解の物質であるリグニンやタンニン、ワックスなどは、キノコのような木材腐朽菌によって常温でじっくり分解されるのだ。

堆肥は七〇℃以上の温度にしなければならないと指導されており、雑草種子や大腸菌などが死滅するだけならいいが、七〇℃になるとかなりの菌が死滅する。硝化菌は七〇℃を限界とする。当然、二〇℃を好み四〇℃以上で死滅する木材腐朽菌も生きてはいられない。よって、そのまま畑に入れられると木材腐朽菌が接種されない限り、畑にいる菌では分解されずに、長期間、難分解性繊維や樹脂が残ったままとなる。

実際に、オガクズ入りの堆肥を長年連用してきた園芸農家を見ていると、途中からやめている人も結構いる。ＥＣを下げたいから堆肥をやめているという理由だが、中には堆肥に含まれるオガクズの害を疑っているとも聞く。オガクズが輸入材だから海水に浸かっていて塩素が含まれているという声もあるが、中には、オガクズの中に分解されないものがあるからという人もいる。

だから、園芸農家に長期間安定的に利用してもらいたければ、畜産農家はオガクズをなるだけ少なめに副資材として用いることが大切である。どうしても高温処理した堆肥を使わねばならない場合は、園芸農家の側でキノコ廃菌床や腐葉土を混ぜ合わせてやると良い。

## 分解者不在の圃場

薬剤による土壌くん蒸を毎年励行する圃場では、菌の種類や密度が極めて低い。一部には地下深部に身を潜めて地上に戻ってくる硝化菌などがいるが、生息場所が地表付近に限られる多くの病原菌（白絹病菌、フィトフトラ、ピシウムは一〇cmまでの浅いところに生息）は消滅している。その結果、土壌中に競合する菌が少なく、再び有害な菌が侵入すれば、増殖と拡散の速さは著しい。

さらに土壌微生物の単相化において異常だと思ってしまうのは、分解の役割を果たす菌がいなくなることだ。分解菌がいないということは、腐り（腐敗ではなく腐熟）にくいということである。腐らない土というのは、多くの物質が残るので、発生した病原菌なども残ってしまうことにもなる。

図26の①のように土壌くん蒸をするようになると、土壌くん蒸しか方法がなくなる。それ以外の打つべき手がないのだ。だから病害が多発すれば、その土地を休耕したり放棄するしかない。高知では生姜の栽培が盛んだが、病害が蔓延すると、その圃場はほぼ間違いなく捨てられる。つまり他の有効な手段が通用しないことの証である。

土を腐熟させるのに他の有効な手段というのは、有用菌を用いた太陽熱養生処理であったり、ふすまなどを用いた土壌還元法、さらにはエタノール、熱湯による方法などである。まだ確かな裏付けがないが、他の選択肢を選ぶことができないのは、費用が高額であることに加えて、働いてくれるはずの有用菌がほぼ死滅してしまっていることが理由ではないだろうか。

そして、殺菌する際に働いてくれるミネラルも不足している。薬剤を用いると土壌中のマンガンが溶出する。還元消毒では二価マンガンと二価鉄の殺菌作用が大きいと言われている。そのため薬剤処理回数が増えるに伴い、マンガンの減少が引き起こされ、殺菌効果が低下するのではないかと考える。

死滅させた菌において特に注目すべきは、有害菌の密度が減ることではなく、分解菌が死滅して存在しなくなることではないか。

生態ピラミッドの底辺の大部分を占める分解菌がいなくなることによって、図26の①のように生態ピラミッドが本来の形を成していないと考えられる。デンプンや糖を分解することは、どの菌でもできる。だが、難分解性のヘミセルロースやリグニンを分解する菌はいない。こういう難分解性の物質を分解できる菌でないと、厄介な病原菌に対処できない可能性が高い。

それだけでなくリグニンは、分解されて合成されていくと、ポリフェノールになる。つまり抗酸化作用が期待できる物質である。分解菌がいなくなれば、こういうものも作られなくなる。

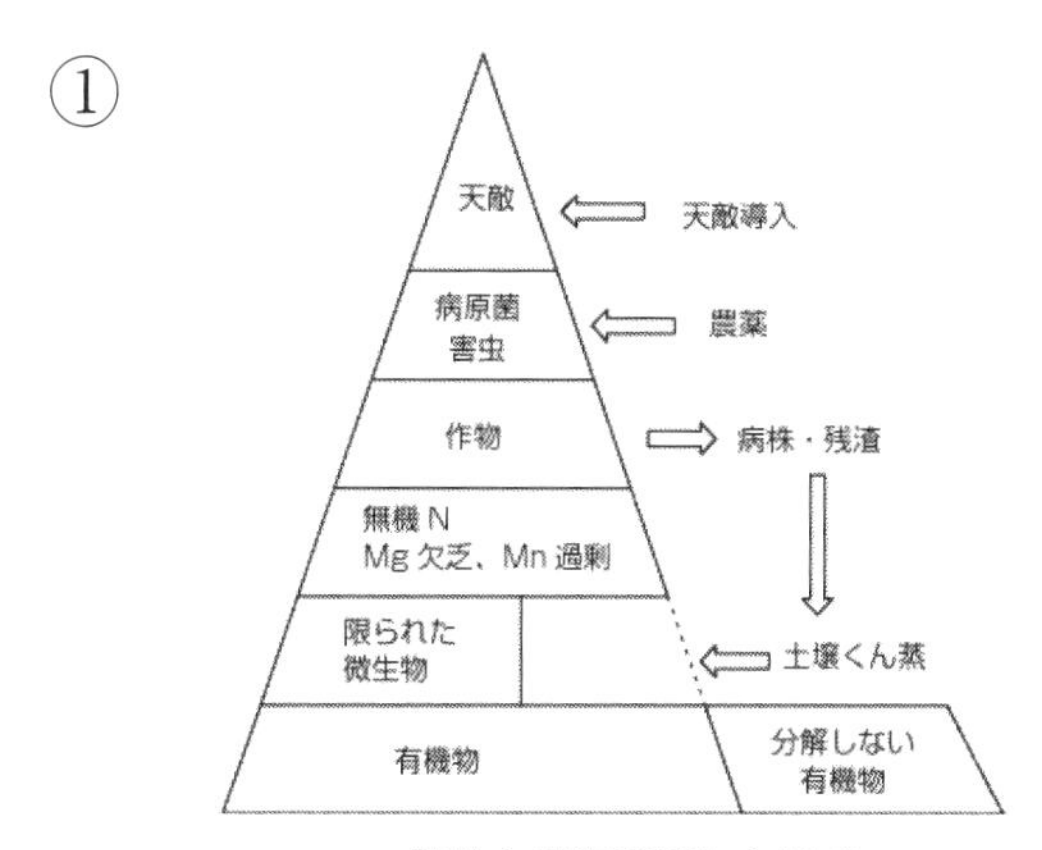


一般的な慣行栽培における

**底辺の欠けた生態ピラミッド**

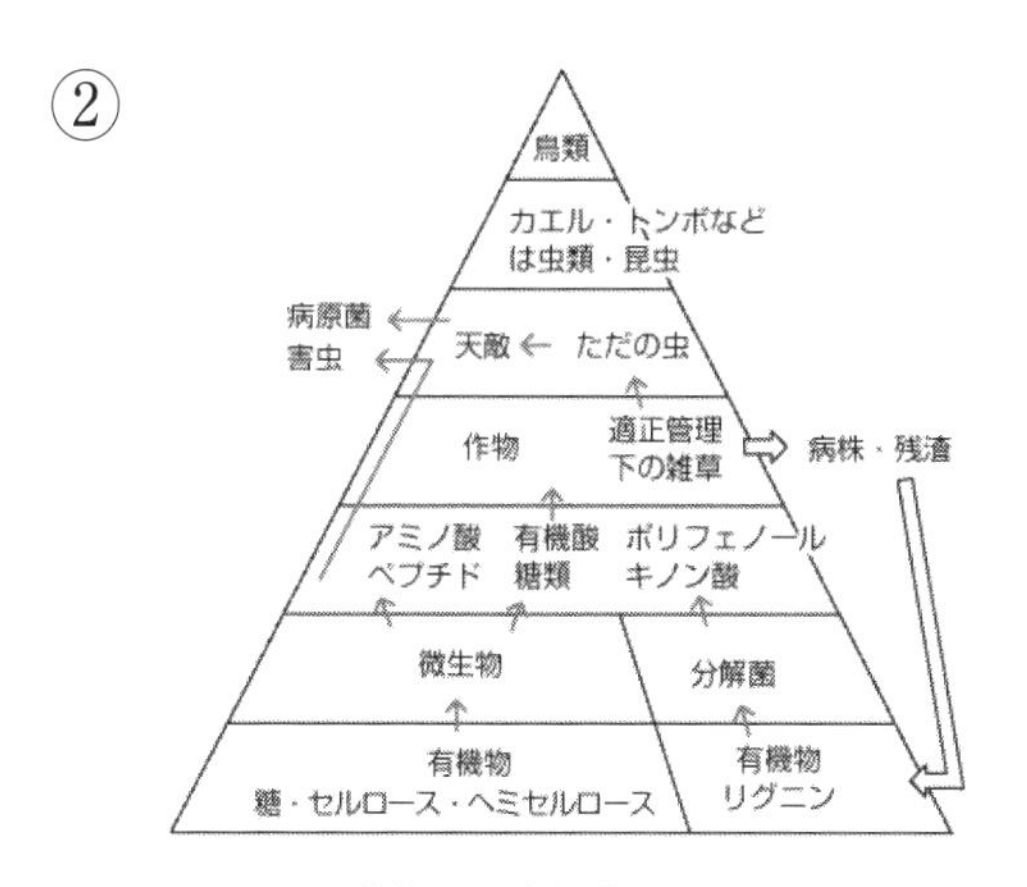


進化した自然農における

**生態ピラミッド**

**図 26**　生態ピラミッドにおいて、ある特定の作物だけをうまく作りたいという人間の欲求は利己的である。通常は①のようになるが、それだといつまでも病原菌や害虫はピラミッドの外に出すことはできない。

圃場にキノコが生えるようなところは、未熟な有機物がある証拠で作物の根が分解されるといって、悪い圃場の例に挙げられることがあるが、キノコが生えている圃場は概して作柄が安定しているように思う。その圃場は分解菌がピラミッドの土台を支えてくれている。つまり安定した生態ピラミッドがあるということだ。

## 雑食性の土づくり

分解菌についていうなら、堆肥づくりの段階においても、圃場で土が熟成していく段階においても、なるだけ種類が多い方が良い。

例を挙げるなら、パンしか食べない胃袋の大きな生き物（注：この生き物とは畑自身を指す）がいるとする。パン以外は全く受け付けようとしないから、それ以外のものを皿に乗せられても食べようとしない。だからパン以外のものは土になることはない。土にならないということは、パン以外のものは長い間分解されずそのままの姿であり続けるということだ。そうなると有害なもの、つまり罹病した作物を残渣処理する場合、作物の病原菌などが侵入してきてもその胃袋では食べることができない。このような土には、病原菌を自己治癒的に消す力はないから、土壌くん蒸に頼るしかなくなる。

かたや、雑食の胃袋がある。なんでも土に変えてしまう胃袋だ。卵の殻やカニ殻、エビ殻が入っている生ゴミを堆肥にしている例を挙げる。

卵の殻のようなカルシウムを分解するには有機酸が主体となるが、大量の有機酸を生み出す菌がいれば、土壌中で吸われにくくなった余剰なカルシウムを可吸態に変えてくれる。カニ殻のような難分解性のキチン質を分解する力を持った放線菌が、キチナーゼという酵素を出す。この酵素は同じキチン質でできた、フザリウム菌（糸状菌）やさび病の病原菌の細胞壁を食してくれる。つまり死滅させることができるのだ。

だからぼかしづくりや堆肥づくりには、数少ない材料を混ぜて作るよりは、数多くの材料を混ぜた方が、出来上がったものに想定を超える能力が備わる期待感がある。また、ぼかしや堆肥を作る過程において温度の力を借りないと、分解がうまくできないことが多いので、堆肥やぼかしの際には六〇℃までの温度をできるだけ長い時間かけることが大切になる。ぼかしや堆肥にせずに、圃場に生の有機物をそのまま入れるのであれば、土中が四五℃になるように二十日間太陽熱養生処理をしなければならない。

## 微生物の衣食住

本章の最後に、「土そのものは、生きていない」ことをもう一度強調したい。土は単なる鉱物に過ぎない。だが地球上のほとんどの地表は、南極であろうが砂漠であろうが、土の中に生

**図27**　微生物にとっての衣食住を考えてみたことはあるだろうか。彼らが快適に暮らせる環境づくりができることが、作物を作る上での前提となる。

物が生存しているので、地球上の土は一般的に生物を伴って生きていると言える。

　生物、中でも微生物が生息できるのは、衣食住が整っているからだ。

　酵母菌やカビ、キノコのような真核生物は、なんでも錆びつかせる酸素から守るために核の中にＤＮＡを閉じ込めている。だが原核生物である放線菌や乳酸菌、光合成細菌などの細菌はＤＮＡがむき出しになっているので、酸素によって錆びてしまう。だから微生物の身を守るために、衣のような身を包むものがないといけない。身を包む服、それが水である。

　一方、納豆菌は酸素が好きなので、水と酸素が必要である。つまりこの二つがなくては、微生物は身を防御することができない。真空と乾燥状態では生息が困難なのである。農地にいるのは、酸素と水がなければ生きられない土壌微生物ばかりである。酸素がほとんど入らない無酸素の下層のさらに下の基層には多くの微生物が存在できない。なぜなら微生物の食べる餌がそこには届かないからだ。

「食」に当たる餌、これがなければ微生物は増殖できない。休眠状態に入るか、あるいは他の要因も重なれば死滅する。だから糖分、セルロース、ヘミセルロース、リグニンなどの有機物がなくてはならない。土壌微生物がいる層に、これらの餌が自然にもしくは人為的に届けられるかどうかである。この餌が供給され続けることで、微生物は生き続ける。

それから三つめは住である。土の中ならどこでも住めるのではと思われるかもしれないが、砂のような場所は決して住みやすい環境ではない。微生物にとっては、まるでつるつるとしたコンクリート壁に背中をくっつけて過ごすようなものである。微生物資材を購入した人なら分かるだろうが、大概、バーミキュライトやゼオライト、微粒炭などに付着させて販売されている。つまり多孔質な洞窟のような場所になっている。この洞窟内は酸素もあり水もある。外に放り出されて強い日差しを受けても長時間耐えられる、シェルターのようなものだ。土の中に作り出すことができる団粒は、まさに微生物のためのシェルターである。

淀み空間を形成することは、衣食住の全てを微生物に提供するための画期的な手法である。これによって、微生物が快適に長い間、暮らすことができるのだ。

# 第4章

## 自然により近づく<br>農空間づくり

# 1　自然の成り立ちにならえ

## 地質と植生の密な関係

筆者の住む町について少しだけ、述べたい。

佐川造山運動について、「中生代白亜紀（一億四三〇〇万年前から六五〇〇万年前の、およそ七八〇〇万年間）に、当時の日本列島域に広くおこった一連の地殻変動。佐川系列造山運動ともいう。この地殻変動は、当時の太平洋を北進してきた大洋プレート（Kula plate）が、当時のアジア大陸プレートの縁辺に位置した日本列島に衝突し、その下へ向かって斜めに潜り込んだことによって次々に引き起こされたものと推定される。この地殻変動によって現在の日本列島の骨格が形成された。なお当時、日本海はまだ形成されていなかった」（『日本大百科全書』、小学館）とある。

明治になり、ドイツの地質学者ナウマンが佐川を訪れ、日本の地質の調査を行った。佐川が日本地質学発祥の地と呼ばれる所以である。

佐川町の地質図を見れば、狭いエリアに多様な地質が存在することが分かる。そして、この多様な地質を母岩とする土壌も同じく様々で、灰色低地土、褐色森林土、多湿黒ぼく土、砂質

**図28**　電信柱が空間を分断しているが、このあたりが二つの時間の接点でもある。左は日本最古級の黒瀬川帯（古生代）の山で、右は白亜紀（中生代）の山で化石が出土する貝石山である。筆者はこの間で農業を営んでいる。

土、赤色土、グライ土などが広範囲に点在し、複雑な農耕地となっている。

　さらに町内には小規模なカルスト地形や蛇紋岩地帯があり、そこには固有の植物が自生している。土壌の多様性は、植物の多様性にも通じており希少な植物の自生地も多々存在する。現在は、過去における植林事業や圃場整備、河川改修などで、自生する多くの植物が消滅したと考えられる。

　だが、それらの開発が行われる以前、明治時代、造り酒屋で生まれた植物学の父、牧野富太郎が少年の頃には町内のあちこちの、子どもの足で行ける場所に多種の植物があったに違いない。この植物がたくさん生息している原風景こそが、少年牧野富太郎の才能を育んだ土壌であったと言える。まさに、日本を代表する植物学者が日本地質学発祥の地で生まれて大成したのは、偶然ではなく、必然であったと。

さて、土と植物との関係性を考えるように、土と作物との関係性を考えてみたい。換言するなら、土地に根ざした農業であろうか。

日本全国にある多様な土壌の特性。その土壌の特性にしっかり目を向けた農業。植物にはそれぞれ適した土があるように、作物にも当然適した土がある。適地適作であるかどうかは、栽培を始める前に何度も思考を重ねなければならない要所である。

同じタネを播いたとしても、栽培する土が異なるだけで、味も栄養価も何もかもが異なるからだ。それは、そのまま農業で儲けられるかどうかに直結する。

## 深層へのアプローチ

森林の中にあるフミン酸（有機酸）は、鉄などのミネラルをキレート化して、包み込んで溶けにくくする。そしてキレート化された養分は川を経て海まで運ばれ、そこでようやく溶ける。溶けた鉄分で酸素が増え、海藻や藻類が増え、牡蠣をはじめとする豊かな魚介類を育て上げる。だから海を育てるには、まず森を育てる必要があると言われるのだ。キレート化は、まるでビークル（乗り物）かタイムカプセルのようなものである。

農業において肥料がキレート化されるのなら、施肥した場所とは違う場で吸われると考えることができる。ミネラルが川の流れに運ばれるように、肥料も小さな畑の川で下層まで運ばれ、そこで吸われるということだ。

有効土層が深いところまで広くあれば、根も深いところまで張ることができる。それに伴って、深いところの栄養素、昨年よりずっと以前に施用したものかもしれない、過去に入れた肥料を吸うことができる。これは、深いところほど微生物や温度、湿度の変化を受けにくく安定して存在することができるからで、メリットは大きい。

ところが深い層に至れば至るほど、粘性が強くなり、その上、踏圧で屋根瓦のように硬くなっている。この層にいくら必要な栄養素が豊富にあっても、根が伸びて根酸が出せないとあっては、養分を取り出すことはできない。

では、根が硬盤のない深層まで伸びるとどうなるか、一例を示す。

スナップエンドウやインゲンなどは収穫最盛期には、生殖成長と栄養成長の共存が果菜以上に難しくなる。マメ科は子実である豆に炭水化物量が多いことから、果菜よりも多くの炭水化物が必要となる特性がある。天候不順で十分な炭水化物が作れないとなると、途端に結実が鈍り生産量が落ちる。果菜類よりもはるかに天候による影響が大きい作物である。

生育の後半、収穫のピークを迎えようとする時に炭水化物が作れなくなると、繊維が薄くなり、うどん粉病に罹りやすくなる。そこで、管理機で掘り下げた深い通路穴に、米ぬか（単位重量あたりの炭素量がオガクズよりも多い）や腐葉土などの分解性の優れた資材を事前に仕込んでおくことで、かなりの効果をあげられる。

このように、表層と違って安定的な土層である深層をうまく利用して、地上部の生育が表層の肥料に頼らず、深層にある過去に施用した肥料分で成長することができたなら、天候不順などに左右されない安定した生育が保証される。

## 地中の酸素を増やす

水耕栽培では、作物の根は水槽の中で無酸素状態にすると、活動が著しく鈍るため、溶存酸素量の少ない水槽の底まで根が伸びることはない。そこで水槽の底にエアレーションを設置し、曝気してやると根の量を格段に増やすことができる。

土壌においても、土壌硬度計が二五を指すすき床付近から急激に空気相が減り、それに合わせて根の分布も少なくなってくる。地表付近には根が多く密生するが、地表は乾燥、過湿、高温、低温を繰り返しさらに土壌病原菌が多数生息し、根の生育には適さない条件が揃っている。どちらかというと、環境条件の安定した下層に根をたくさん増やしたいところである。

そこで、弾丸暗渠などで耕盤を破砕して亀裂を作り出すと、亀裂に沿って地表から浸み込んだ水が流れてくる。移動する水は酸素を抱いているので、酸素は水によって供給される。結果として深い層にまで根が伸びてくれる。暗渠が作れない場合には、他にもいくつかの方法がある。

酵母菌を含んだC／N12の中熟堆肥を管理機で掘り上げた溝底に敷いて、その上に土を戻すという方法もある。中熟堆肥はまだ餌が残っているので、酵母菌が活動を続け、発酵に際して炭酸ガスを発生させる。そうすると、炭酸ガスが地面の深いところで増え、あちこちに空気穴を作ることができる。

前述の二極化した単調な土壌では、下層の水は滞留し、酸素が不足する。水分率の高い土壌では、下層の微生物が単相化してしまうと同時に、下層に眠る青枯病菌などの細菌が増殖してくる。

最近の研究ではトマト青枯病菌に対して、アミノ酸の一種（ヒスチジン）が生体防御反応を高め、罹病しにくい効果があるという。アミノ酸を葉面散布して、感染する根に移動してくれれば良いが（尿素やブドウ糖では根への移行率が高いが、アミノ酸は種類によってまちまちなので定かではない）、あまり期待できないと言える。

最も良いのは、深いところに土壌灌注処理をする方法だろう。アミノ酸を含んだ水溶液を効率的に底に届けることができる方法があるのなら、青枯病も克服できる可能性が高い。

## 地下貯蔵アルコール

サトウキビには三〜五%の糖分があるので、サトウキビから抽出された糖蜜を土中発酵させると、土の中でアルコールを作り出すことができる。

禁酒法時代のアメリカでマフィアによって糖蜜が密輸されていたことからも分かる通り、糖蜜でアルコールの製造ができる。

糖分を酸素のない状態で発酵させると、アルコールが生成され、このアルコールが酢酸菌によって酢に変わる。この酢が不溶化しているミネラルを溶かし、く溶化（ミネラルがクエン酸成分で酢酸化）されることで、根から十分な肥料養分を吸収できるようになる。ただし根で吸われた酢は、根を元気にするだけで、葉へ転流することはないので注意する。

化石燃料が地殻深くの油田に眠るように、深層にアルコールが眠っている状態を畑の中に作り出すことができれば、その後、酸素に触れて酢酸菌が働き、アルコールを酢酸に変えるというプロセスに進むことができる。それまでは、土の中に貯蔵しておくことができる。これが農地における地下貯蔵アルコールである。

実際のやり方としては、土壌分析後過剰状態で減肥を試みたが、それでも過剰症が心配される場合や、生育が天候不順で心配される場合に、糖蜜を深層に施用して、根からミネラルを積極的に吸わせるのだ。

ただ、この方法は下層土に糖蜜を流し込む技術が難しいので、なかなか一般化できない。太陽熱養生処理の際に流し込む方法が最適であるが、この時には長靴が土の中に沈み込むくらいの八〇％以上の水分になるまで多灌水する必要がある。あるいは、管理機で作った深い通路穴に米ぬかと腐葉土を混ぜたものに糖蜜をかけるようにする方法もある。

ただ、糖蜜は粘りが強いので、お湯で溶くなどしないと液化してくれない。また液化しても灌水チューブ穴に詰まりやすいので、あまりお勧めはしない。大量に入れるとなればそれに伴って大量のお湯が必要となるので、大量に施用したい場合には、散布する堆肥やぼかしなどの大型固形物に散布前に付着させる方法がベターである。

余談であるが、狭い面積であれば地下貯蔵アルコールの方法として他にも、夏に冷えたビールを地面の中に流し込むやり方がある。効果は、地面の冷却と、ビール酵母の接種、炭酸ガスによる硬盤破砕、そしてアルコール地下貯蔵という一石四鳥が期待できるが、筆者はまだ試したことはない。

## 脆弱な表土の改善

森の腐葉土と土壌との間のＡ層と呼ばれるところは半嫌気半好気性で、たくさんの土壌生物が生息するには最適の環境となっている。この表土の五㎝ほどの空間は、森林の土壌を作り出す上で最も重要な部分である。このわずかな厚みの空間なしに森林はあり得ない。

このことは農地においても同様で、表土は最も重要かつ、最も過酷な空間であると言えよう。風化、浸食、インベーダー（雑草の種子）の侵入、病原菌の侵入、さらに農機具による鎮圧、ゴミや落ち葉の堆積、そして何よりも鍬やロータリーで耕耘される。これらの様々な外因によって大きな影響を受ける場所である。環境は安定しているが、外科手術の困難な深層部と違って、表土はロータリーや農具によって毎年のように滅多斬りされているようなものだ。

ロータリーをすれば、表土に浮き上がってくるのは細かく砕かれた砕土である。ゴロ土ベッド栽培（ゴロ土の土塊で作った畝で栽培することで、長雨湿害に強くなる）をするのでなければ、粒径はかなり細かくなる。細かい方が播種後の発芽が揃うし、定植してからの活着もいい。ただ反面、大雨が降れば表土の流亡に合わせて、軽くて粒子の小さい粘土は下流へ大量に運ばれ、表土から底方向へ流れた粘土は水流に溶け込んで底へと沈下していく。粘土は底に重なるように沈殿し、上には粒径の大きい砂の成分が残る。

このようにならないためには、表土が洗われないように、有機質資材（ワラ・竹粉など）やマルチなどで覆うことが必要となる。

さらに雑草を管理しながら表土を保護する方法として、毛細管を通じて上がってくる水を断ち切る雑草除去農具がある。毛細管が切れると、雑草への補水ができなくなり、雑草が育つことができない。他にも生分解フィルムを用いて、毛細管の水の上昇を遮り、上に乗せた土を乾土化し、雑草の成長を抑制することができる。

## 馴染みの良い有機物マルチ

土という胃袋はどうやら、好気性菌が発酵の過程で食べ尽くした（完熟）堆肥やぼかしはあまり好きではないようだ。好気性菌が食べ尽くして、食べかすのようになっているからだろうか。

その点、嫌気性菌は緩やかで時間をかけてゆっくり食べるので、時間が経っても餌が残っていることが多い。牧草をラップサイレージ（ラップフィルムでロールにした牧草を巻いて長期貯蔵）すると、乳酸菌で嫌気発酵するが、完全な発酵終了まで待たずに開封すると、酢酸菌などの好気性菌による二次発酵が始まり、発酵熱が高くなる。発酵熱が続くということは、餌が残っている証であり、このことから、嫌気性菌は長時間を要しても餌を食べ尽くしていないことがわかる。

好気性菌は短時間で「強力な兵隊」を作るには優れている。だが、その兵隊を戦地に送ると、兵糧がなく三日と持たない。その上、嫌気状態の土の中に鋤き込むと、菌の活動は全く止まってしまうから、菌の役割は果たせなくなる。

結論から言えば、好気で発酵した有機物は土に馴染まない。ただ、菌は強力なので餌さえ与えてやれば再び活発に動く。作物に病気が多発している場合に、餌となる米ぬかを混ぜて、表層に撒いてやると良い。再び表層近くの空気中に菌糸を広げて、他の菌を寄せ付けなくする。

土の表面を覆うなら、できれば嫌気で発酵した有機物を載せる方が良い。嫌気性菌の場合、兵力はさほど強力ではないが、自らが生きるための兵糧を持っている。そのため表層という過酷な環境に置かれても死滅することはない。また、兵糧の一部は土着の好気性菌の餌にもなるようである。病気を起こす糸状菌や暴走する納豆菌が集まってくる様子はなく、乳酸菌酵母菌と相性のいい枯草菌のような土着菌が集まってきて、仲良く分解をしているように見える。

堆肥舎で発酵（嫌気性菌）→表層の土着菌（好気性菌）で土に馴染ませ→幾度かの雨の後、耕耘して嫌気状態の土の中

この順が理想である。

ところで、発酵していない生の有機物や乾燥しただけの有機物を表層に置く場合には、注意が必要である。土壌病害が発生していない圃場なら心配ないが、土壌病害に汚染された土壌だと、真っ先に糸状菌の餌になる。そういうところでは、有用菌と一緒に同時施用するだけでは十分でないので、餌食にならないように事前に有用菌と混ぜておくことである。

## 堆肥マルチと有機物マルチ

圃場に施用する肥料の重量比を見てみる。大量要素である窒素やリン酸、カリ、カルシウムなどは現物重量で反あたり数百キログラム単位、中量要素であるマグネシウムやケイ酸、鉄などは現物重量で数十キログラム、微量要素であるマンガン、ホウ素、銅、亜鉛などは現物重量で数キログラムである。

一方、堆肥は肥料とは明らかに量が違う。投じた肥料の現物重量を全て足しても、トンスケールの堆肥の重量には届かない。ただ、堆肥が肥料と違うところは、肥料成分が少なく、肥料よりは土に近いということだ。けれども、少ない割に量が多く入るので、土に与える影響は非常に大きい。

堆肥マルチは、堆肥を土中に混ぜるのではなく表層に置くことで、下層へジワリと浸透させる方法である。

そうすると接触面から土は大きな変化をしていく。堆肥を畝の上に散布して雨に打たせると、表土から下層土に至るまで、堆肥から流れ出た水溶液が土中に浸み込む。この水溶液とは、コップの中に入れた堆肥にぬるま湯を注いだ時に滲み出る茶色の液体のことである。表層と接する部分は、表層の色が茶色に変わり始める。この様子は、「堆肥（微生物）が土に馴染み始めている」と表現した方がいいかもしれない。

雨で堆肥の外に水溶液が溶け出すことで、堆肥と土の境界面における親和性が高まり始めるのだ。堆肥を最初入れた時に感じる違和感が徐々になくなり、自然な感じになってくる。あたかも、森林の林床に舞い落ちた落ち葉が徐々に分解していく様子を見ているようだ。

一雨ごとに、その境界面が薄らいでいき、堆肥が土と一体化し始める。つまり大量の堆肥に覆われた表層の土が堆肥に触発されて「堆肥のような黒っぽい土」になるこの瞬間が、トラクターを入れてロータリーで鋤き込むタイミングである。なお、茶色の水溶液が出ない堆肥(液肥としての効果が薄く物理性を高めるためだけの堆肥)は、土の色が変わることはない。

他にも、堆肥ではなく有機物マルチという方法もある。菜種油粕のマルチをよくやるが、菜種油粕は、他のかす資材と比べて雑草の抑制効果が高い。さらに土壌病原菌に対する抑止力も高い。この菜種油粕を散布し、風で飛ばないように腐葉土で覆う。そうすると雑草の発芽が抑えられ、腐葉土で光が遮られることから好光性の種子は発芽しにくくなるし、土壌病害を抑えることができる。実際に試してみると図29の写真のように、マルチに開けられた穴から、雑草は長い間生えることはなかった。

さらにその表面をよく観察すると、硬化しているように見えることがある。草が生えているところと比較すると、ロウでも塗っているように光沢があり押しても硬い。太陽熱養生処理を

図29　雑草の種が発芽しないということは、つまり除草をする必要がなくなり、除草に要する時間が省け、農業生産の質が格段に向上する。

した時に表面に現れる被膜と、堆肥から流れ出る醤油のような水溶性炭水化物が硬化した被膜は共通しているのではないかと考える。

さらにコーヒーやお茶に含まれるカフェインは、マメ科以外の植物の発芽を阻害すると言われている。茶栽培において も整枝剪定作業で刈り落とされた枝葉は、有機物補給だけでなく、雑草の発芽抑制にも効果があると思われる。

効能がある有機物は、このように表面に施用し、雨に当てて効能を発揮させることが望ましい。すぐに耕して土中に埋めてしまうと、効果を発揮できないのでできれば避けたい。

## 2　菌の住処を第一に考える

### 堆肥の醸成

味噌や醤油づくりで最も重要視されるのが、蔵付き酵母と呼ばれる蔵の柱や梁などに居ついた菌群である。

筆者の堆肥舎にいる微生物は、六〇℃を生存限界とする枯草菌と、強力な酵素をうむ酵母菌と乳酸菌の複合菌だ。いわゆる舎付き酵母である。この複数の菌によるバトンリレーが行われているので、強引にバトンを引き継ごうとする納豆菌の暴走を食い止めることができる。

筆者の堆肥は、味噌や醤油、さらには森林のA層下部のように、じっくりと時間をかけて堆肥を醸成していく（図30参照）。納豆菌のように温度が上がってすぐに冷めるようなことがなく、緩やかに上がり緩やかに下がることで、長時間温度が維持される。

納豆菌が働くと、繊維をバラバラに切り刻み、温度は八〇℃近くの高温にまで達し、水分量が下がり、パサパサの軽い堆肥に仕上がるので散布のしやすさは優れている。ちなみにこの堆肥は、C／Nが12になることは決してない。15から25の間である。

一方、筆者の堆肥は、十分な水分を与えて枯草菌の力を借りて繊維を切るようにする、いわゆる加水分解型である。加水分解とは、例えば繊維方向にしか破れない新聞紙が、濡れると繊維と垂直方向であっても破れやすくなるのと同じようなことである。

繊維が切れると、次はそれらを合成する酵母菌の働きで、脱水縮合が起きる。つまり水を外に出すことで分子を大きくするのだ。

堆肥をバケットローダーで切り返す作業をすると、堆肥の中にこの脱水した水が溜まっている場所がある。そこは、今から発酵熱が上がる準備をしている場所である。そこにバケットが当たると、勢いよく薄黄色の液体が噴き出してくる。その量は一トンの堆肥に対し、一〇リットルくらいあるだろう。まるで風船の中の水が破裂して溢れるような感じである。それから数日しばらく置いておくと、次に黒い液が流れ出てくる。これはかなり長期間、出続ける。その時の堆肥の中の温度は六〇℃近くに上がっている。この間、アンモニア臭は全く感じられない。つまりアンモニア化成菌である納豆菌が入り込んでいないということである。

## 暴走菌を利用したぼかし

乳酸菌と酵母菌のコンビは、互いに必要な存在で両者が共存する必要があるが、もし保険をかけるとするなら、酸素を消費しない同じ仲間の光合成細菌が加われば言うことなしだ。このトリオが存在してくれていると、堆肥化はほぼ安心できる。

## 菌の住処

A層下のヌルヌル

味噌のヌルヌル

堆肥のヌルヌル

**図30**　自然界と人間界との間には共通項を探すことができる。森林の中の落ち葉の下のヌルヌルと味噌のヌルヌル、堆肥のヌルヌルは、同じ種類の菌が働いた証である。

一方、納豆菌は酸素を得て暴走する菌である。デンプンを食べた麹菌が作り出すブドウ糖を餌にするので、食いつきが速い。三日もすれば、猛スピードで増殖が始まる。納豆菌の増殖は、燃え上がるような勢いで（七〇℃以上の高温に達し一〇〇℃でも死なない）、餌がなくなればすぐに諦めてしまう（休眠）。水分がカラカラになり、餌もなく活動を停止する納豆菌の性格は、非常に情熱的で飽きっぽいのだ。

堆肥の製造に使われる菌は、アンモニア化成菌の納豆菌が主流である。本当は夏の菌なのに、冬でも空気を送り込むとどんどん動いてくれる。水分が減るので、堆肥舎にある糞尿を早く減らしたい、つまり堆肥舎が満杯にならないように量を減らして、効率的に販売していきたい畜産農家のニーズにはピッタリの菌である。ただし、アンモニア化成菌であるために、減容化ができる反面、アンモニアが発生する。アンモニアは悪臭となり、C／Nの数値を下げることが難しくなるし、窒素分の少ない堆肥となる。悪臭の問題は、畜産農家にとっては解決したい問題であるが、どうしても避けられない課題として残る。これを解決するには、曝気するエアの量を減らすことで、納豆菌を優先的に動かさないようにすることだ。

ぼかしづくりで納豆菌を使って発酵させる場合、前述したように納豆菌は暴走し続け、他の菌を寄せ付けず、そのため水がカラカラになくなるまで動き続ける。水がなくなると動きが鈍くなるが、再び水を与えるとまた動き出す。カラカラになるとぼかし肥料は白い菌糸の塊状

図31　灰色カビと納豆の陣取り合戦を寒天培地の上で行う。市販の納豆をいくつか買ってきて、カビの勢力を押さえられる納豆を探す。

（コロニー）になって、カチカチの硬さになる。そうなると窒素分が減るだけでなく、散布するにも硬くて厄介で、これらはいわゆる失敗ぼかしとなる。

だが、途中から積み上げた山の高さを低くして、薄く伸ばして風で乾燥させてやれば発酵が弱まる。そして乾燥してしまったら袋に入れて密封する。この納豆ぼかしは、気温が下がる秋から冬にかけて、外葉系の野菜を前半から窒素優勢に一気に育てたい時に散布すると良い。有機質肥料にはない、速効性がある。まるで化学肥料並みの速さである。

有機農家はゆっくり時間をかけて作物を作ることしかできないと思っている慣行農家の鼻を明かす、とっておきの秘密兵器である。これを散布すると、化学肥料よりも早いのではと思える成長を見せる。しかも植物性の材料なので、炭素が多く、化学肥料のように窒素過剰に偏ることがない。地力窒素が落ちてくる秋以降にはこうした肥料（速効性）を農家が持っていると、定植が遅れた時などに使えるから心強い。

納豆菌の活動の場は他にもある。納豆菌は増殖初期にはブドウ糖を餌にするが、徐々に餌がなくなるとセルロースなどの繊維も分解する。これを利用して、稲わらの処理では、秋の気温がまだ高い時期に米ぬかと納豆菌が使われる。納豆菌はわざわざ入れなくても稲わら（昔納豆は稲わらに巻いて作っていた）に付着している。だから、米ぬかを振って、軽く表土と混ぜてやれば、たちどころに分解してくれる。

さらに糸状菌やカビなどの防除に納豆菌を使うと、拡大していく病気を抑えることができる。シャーレに餌となる寒天培地を作り、シャーレの片方に灰色カビ、もう片方に市販の納豆の粒を一つおいて、陣地争いをさせる（図31）。そうするとカビの勢力を押さえ込むように納豆菌が増殖するので、そのカビに効果のある納豆菌というのが判明する。市販の納豆にも幾種類かあり、どれが効くかはこの実験で試してみないと分からない。

## エレベーター理論

環境条件が整うと、空気を介して病原菌が加速度的に拡散するのは、避けられない。特に温度、湿度をコントロールできない露地栽培では自然任せとなっているから、被害が広がる速さが速い。

けれども空中を漂う病原菌はそんなに強いものでない。カビなどの胞子は、他の菌がそこら

図32　エレベーターの中を菌で充満させておくことで、侵入を防ぐ。菌の衣食住のどれかが欠けてしまうと菌は増殖ができなくなり、エレベーターの中に隙間ができてしまう。すると病原菌はその隙間を狙って侵入する。

中にいたら、勢いよく広がることはない。

エレベーター待ちをしている時に、下から上がってきたエレベーターの扉が開くと満員で、乗車できずにやり過ごすことがある。このように入ろうと思っても定員に達していると、中への侵入が難しくなる。

つまり、畑の中の微生物の定員というのがあるとするなら、定員で満たしておけば、カビがそれを押しのけて入ることはない。ここで使われるのが、納豆菌である。ぼかし肥料づくりでは納豆菌を入れると暴走して、止めることができなくなると説明したが、この働きを利用し、納豆菌を使って畑の中の菌を一掃する。納豆菌ぼかしをたらいのような広口の容器で作り、後ろから扇風機を使って、全体に広がるようにする。そうすると畑の隅々にまで納豆の匂いがするようになる。こうなれば、納豆菌が広がった証拠である。できるなら、前もって前述のシャーレを使ったカビとの陣取りテストをして、選抜されたカビに強い特定の納豆を用いるとなお良い。カビが出始めた直後であれば効果が高いが、すでにカビによる被害が深

**図33**　露地栽培であっても様々な方法で、菌を常駐させることが可能である。毎日薬剤タンクを背負って殺菌剤をかけるよりも、はるかに楽である。

刻化していると、なかなか対処することが難しくなる。

それに納豆菌は一週間ほどの短期しか効果が持続しないので、予防的にやるのなら、納豆と糖蜜をミキサーした液を一週間おきに葉面散布する方法や超音波加湿器を使う方法が望ましい。

これ以外にも粗放なやり方だが、中熟堆肥を畝の表面に置くという方法がある。薄く広げると乾燥したり、吹き飛んだりするので、なるだけおにぎりサイズにして、灌水の水が当たるところに置いておく。そうすることで、常に水分が供給され、また中熟なので餌が残った状態で長く生きていられるのだ。餌を与える必要はなく、水だけを切らさないようにしてやればいい。

## 3　一に水分、二に水分

### 熱帯雨林農法

ハウスを全く開放していないと炭酸ガスが減少するから、ガス交換のために通常は換気をする。厳寒期以外は日中のハウスの換気をせず放っておくと、炭酸ガス濃度は二〇〇ｐｐｍほどに低下する。室温は五〇℃に達し湿度も九〇％近くまで上がる。そのハウスの扉を開けると、中からモワッとした蒸気が流れ出してくる。五〇℃九〇％の熱風である。その状況だと葉が萎れるように思われるが、直立している。これが「熱帯雨林農法」だ。

温湿度をなだらかに変化させる飽差管理（葉の気孔がよく開くのは飽差三から六ｇ）の考え方で、植物の光合成を最大化させる温度は一〇℃から二五℃なので、それに合わせて湿度五〇％から七〇％が理想であるから、そこを管理範囲とすることが多い。

気温と飽和水蒸気量の関係を表した図34を見れば、一〇℃では全ての湿度の曲線と、一〇〇％の曲線との値の差が小さい。つまり湿度に多少違いがあっても飽差三から六の範囲に収まるということである。飽差三から六の範囲に管理するには、湿度を三〇％から八〇％の範囲で設定すればいいので、管理する上で灌水を与えすぎても、換気によって少しくらい湿度が下がっ

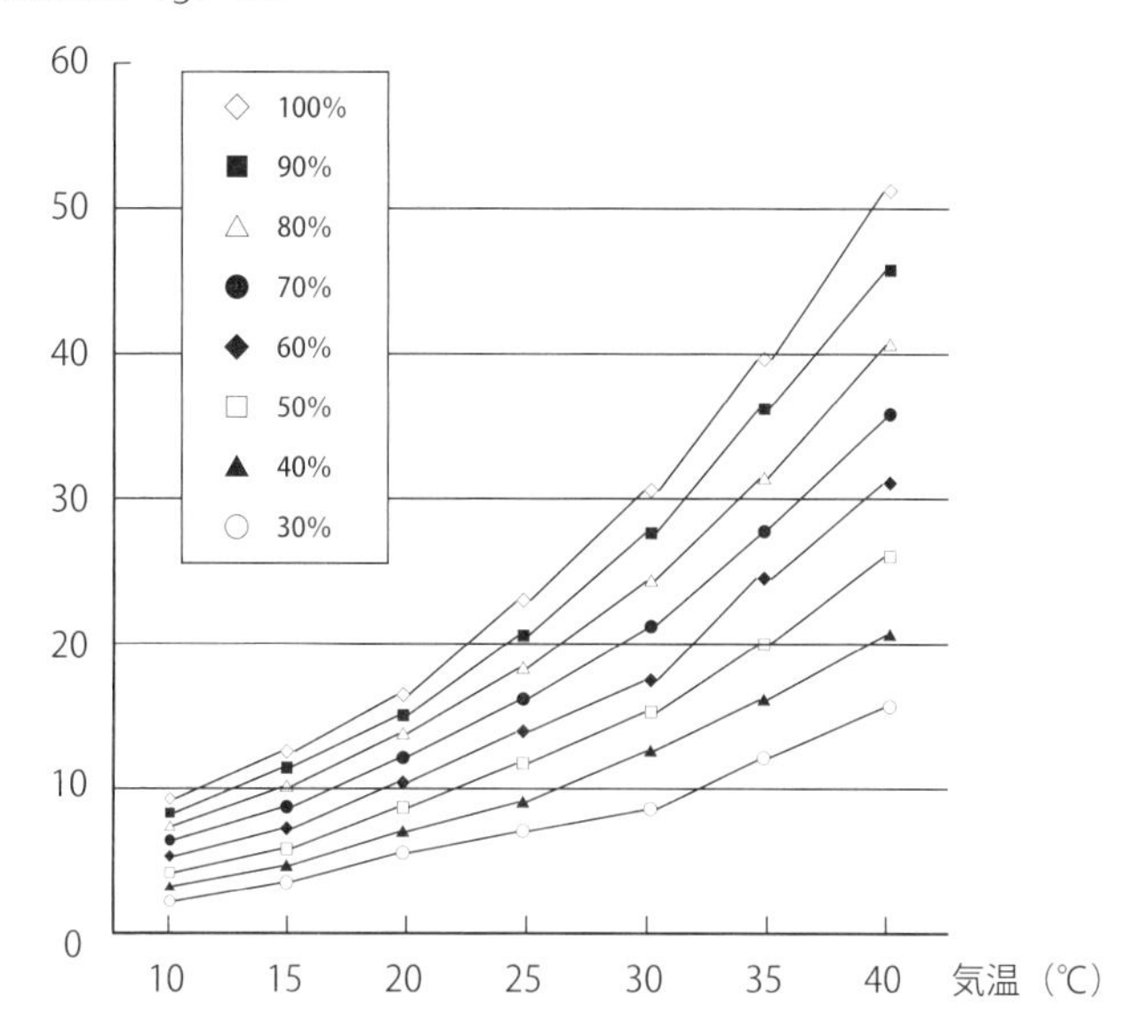


**図 34**　気温と飽和水蒸気量の関係を表した図。湿度 100％を 10 分割して、各湿度ごとの曲線を表した。

ても大丈夫だ。

ところが温度が高くなるにつれて、一〇〇％の曲線までの距離が徐々に開いてくる。そうすると温度が高くなるに従って、適正な湿度は一〇〇％に近づいていき、さらに湿度の許容範囲が小さくなる二五℃では七〇％から九〇％の範囲となり、湿度が高くなる。四〇℃では、湿度を九〇％付近の高さのまま維持するしかなく、湿度を低下させることがほとんどできなくなる。したがって高温管理する場合には、湿度を下げることは望ましくなく、日中の開放は厳禁である。どうしても換気する必要がある時は、夕方になってからハウス内の気温が下がるのを待ち、天窓を少し開けてやる。そうすれば温度も下がり湿度管理に余裕が生まれるので、湿度を下げても大丈夫である。

地球上でバイオマス生産活動の最も盛んな地域、バイオマスを大量に産出する地域が熱帯地方である。これと同じ条件にしてやることで、炭水化物生産を最大にするのだ。熱帯ジャングルとは、ジメジメとして呼吸する空気がねっとりとしている。それが、植物にとってはとても嬉しい気候なのだと思う。

農業を始めた頃、ハウスの換気をすることで炭酸ガスの交換もできるし、気温も適温になると指導を受け、以前は真面目にやっていた。そうすると冬場に現れる灰色カビが出ないと言われた。しかし、その通りにしても灰色カビが止まることはなかった。逆に、閉め込むと灰色カビが出ると言われるが、温度と湿度を上げた状態を維持して、灰色カビが出たことはない。ただし、高温が良いと言っても、クロロシス（白化症状）が生じるので、背の低い葉物の場合だと五〇℃くらいが限度である。

天窓開放で湿度が低下すると、エレベーター内の菌の活動が弱まる。納豆菌が水分がなくなれば休眠するように、空中の湿度の低下で休眠する菌が現れた分だけ満員のエレベーターが空いてしまうので、そこにカビが侵入してくるのだ。

高温、高湿度の重要性については、報告がされている。それはお湯を使った栽培である。葉や茎に五〇～六〇℃のお湯をさっとかけると、熱による刺激で、ヒートショックプロテインという特殊なたんぱく質が作られ、病害虫に対する抵抗性が高まるそうである。

芋類を除くほとんどの野菜に効果を発揮し、特にトウモロコシ、枝豆、キュウリでの効果が高いと言われている。

熱帯雨林農法の弱点として、換気しないと炭酸ガスが入ってこないから光合成ができないと言われる。しかし、土中に入れた中熟堆肥を酵母菌が分解して二酸化炭素を放出してくれているのではないか。筆者のハウス内では炭酸ガス濃度を測定しているが、気温が高くなってもそこそこの濃度が維持されている。

特に光合成が必要な日中は、上昇した気温が地中に伝わり、温度上昇した地中の酵母菌が働いてくれる。そうすると、菌が活発化して炭酸ガスが地中から出てくる。夜間には炭酸ガス濃度は一〇〇〇ｐｐｍの高濃度（気孔が閉じてしまう）になるが、日中はそれほど高くする必要はなく、自然界の四〇〇ｐｐｍであれば十分だ。

## 表土を常に湿潤に

大雨で表土流失すると、肥料養分の損失だけでなく、病原菌をガードする微生物を失ったり、生息環境が奪われたりする。当然、この大雨による被害を防ぐことは大切であるが、平常時においても常に心がけておかねばならないことがある。

近自然河川工法においては、洪水時にはスムーズに流すが、平水時にはそこに生息する生物たちが棲む水面下五㎝の空間を維持しなければならないという考え方がある。それに倣って、平常時に表土保護するには常に適当な湿度を保つことが必要である。

もし地面が乾燥していると、地面から気化熱を奪うことがないので、地面は熱せられ続ける。それでも地面が微生物が死滅する六五℃まで上がることはない。むしろ大切なのは、湿度である。

ハウス内を極度に乾燥させているケースが度々見受けられる。トラクターの後ろから砂煙が上がっているのだ。この現場から、何が起きているか想像すべきだ。

第一に、微生物が働かなくなっているということ。そしてもう一つは、投入した有機物の窒素分が、硝化菌によって大量の硝酸態窒素に取って代わってしまったということを知るべきだ。これは乾燥させる前と乾燥した後とで、硝酸態窒素を測ってみると分かる。こうなると土が乾いたからといって、直ちに灌水を与えてはならない。土の硝酸態窒素濃度を下げないまま水をやると、作物が一気に吸収し害虫の被害をひどく受けることになる。

化学肥料で栽培されてきたハウスを、有機栽培に転じる場合についても同様である。まず行わなければならないのが、硝酸態窒素濃度を下げることである。フィルムで天蓋が数年覆われていると、土壌が乾燥しカラカラに乾いている。硝酸態窒素を測ると高く、水を与えると硝酸態窒素をそのまま作物が吸収するパターンとなる。

これでは有機農業はできない。落ち葉と米ぬか、それに糖蜜を混ぜて土に入れて耕耘し、徐々に灌水をする。そうすると土の硝酸態窒素はやや落ち着いてくれる。

硝酸態窒素と糖蜜を化合させれば、グルタミン酸を作り出すことができる。よって硝酸態窒素が低下した分だけ、グルタミン酸が増えると考えられる。だがグルタミン酸以外の複数のアミノ酸を作るという訳にはいかない。堆肥や液肥などの発酵物は、微生物がたんぱく質を分解し合成したものなので、複数のアミノ酸を含んでいる。本来ならアミノ酸の種類の多い方が良いので、硝酸態窒素を低減できたら次は、堆肥施用でアミノ酸の種類を増やすことである。

管理の上で気をつけなければならないのは、栽培を始めたら、日々①硝酸態窒素を作らないこと、②微生物が生き続けられるようにすること、③乾いた表土が風やロータリーで飛ばされないようにすること。この三つのために恒常的に水分を保持しなければならない。一度いい状態にしたら、その後は絶対に乾かしてはならない。

## 太陽熱養生処理

太陽熱養生処理とは、農ポリなどの養生フィルムを張って地温を四五℃まで上げて二十日間ほどおくことで、土壌病害や雑草の発生を抑制させる技術である。

最近は、太陽熱養生処理をする農家が、有機農家を中心に増えている。この方法を何度も経験してきた農家なら知っていることだが、この処理において最も肝心なのは晴れの日が三日続くことだと言われている。確かにそれも大切なことであるが、天気だけではなさそうだ。

この処理では、一〇〇トンほど（土質によって異なる）の大量の灌水が必要である。この灌水の量が少ないと効果が薄くなる。その分量は、田靴が地面に埋まってしまうほどの水量にすると、ほぼ失敗がない。表面が濡れる程度ではなく、通路を歩くと泥に埋まった足が抜けなくなるほどの水量である。

この水量が必要な理由は、餌となる糖蜜やふすまや中熟堆肥を深層まで行き渡らせることができるということが一つ。そしてもう一つが、熱が下層まで伝わること。空気より熱伝導率が一〇倍高い水の方が、地面の深いところまで伝わるのだ。最後に、夜間に下がらないように保温させるということである。陽が当たっている間は地温を四五℃に維持できるが、陽が沈めば夏といえども地温は下がる。その地温を気温の低下に連動させないようにするためには、空気より比熱の大きい水を用いる必要がある。蓄熱材としての水がなければ、夜間の熱が逃げやすくなる。熱を逃さないようにするため、大量の水で地中の空気を追い出してやることが大事なのだ。土の中の空気を追い出せる水の量が一〇〇ｔと考えて良い。

この水がたやすく漏水してしまう砂質土や傾斜地では太陽熱養生処理はできない。冬期湛水ができるような圃場は処理が容易である。

この処理法をやる時に注意したいのが、農ポリのサイズである。薬剤で土壌くん蒸する時に用いる幅六ｍの農ポリは使わないようにする。大きいサイズだと、地中で酵母菌の発酵で発生する炭酸ガスがフィルムを大きく膨らませてしまう。そうすると下に向かうはずの圧力が上へ逃げ、地下に沈み込んで硬盤を破砕するための空気圧が減少する。また、フィルムの中に充満した空気は水よりも暖まりやすいため、優先的に空気が暖まり、逆に地中の水の温度が上がりにくくなる。

そこでポイントは、養生処理中にフィルムと地面との間の空気が増えないように、フィルムを地面に密着させたままにしておくことである。そして、フィルムサイズはできるだけ畝の幅サイズに留め、両端をしっかりと土で押さえて、膨らむ空気でポリが持ち上がらないようにすべきである。

# 4　肥料の作用スピード

## 肥料の減少スピード

積極的な施肥に取り組む農家はいても、減肥に積極的な農家は全国的に見てもあまりいないのではないか。量は減らしても与える回数が多かったり、昨今の有機ブームで、高度化成を使わず有機入り化成を用いることで、知らず知らずのうちに余分なものが投入されていたりする。

その結果が、見事なまでの全国一律のリン酸とカルシウムの過剰である。水田では、採算性を考えて肥料は安価なものを効率的に少量与えるというのが主流で過剰症は出にくいが、採算性の高い露地栽培、さらにハウス栽培になると、収量も多いことから費用対効果も高いので、肥料も比較的高価なものが選ばれがちだ。

その上、ハウス栽培は天蓋があることで雨水による流亡がほとんどなく、下層から毛細管現象で表層に運ばれた多くの塩類が溜まる結果となる。地表面に白い塩の粉が吹くのはそのためだ。よって表層の養分濃度が極めて高くなる。

過剰の理由としては、リン酸やカルシウムは種々の肥料に含まれているために、投入量が減らないことが最も大きい。次にカリ、マグネシウム、カルシウムの順に作物の根から吸収されやすいこと。つまりカルシウムが最も吸われにくい。与えた分を作物が綺麗に食べることができず、食べ残しが多いということだ。さらにＰＨが七以上になると、カルシウムとリン酸が固着しやすく、難溶化化合物になるということも挙げられる。

カルシウムが吸収されるには水に溶けなければならず、吸水に混ざって細胞に届けられる特性があるため、水を絞った栽培の場合、水が一時的に切れることから、細胞がカルシウムを十分に吸わなくなってしまう。水を与えない栽培や、灌水設備を持たないお天気まかせの栽培では、作物が投入したカルシウムを吸えないでいる。

そこで、水を不断的に与えた栽培にすると、植物はカルシウム欠乏症から回復し、土壌中のカルシウムが徐々に減り始める。ＰＨも緩やかに落ち着きはじめる。高ＰＨの圃場の要因は、十分な水が与えられず菌が不活発で、有機酸が少ない可能性が高く、そういうところでＰＨを下げるには、水を積極的に与える栽培や酸を含む資材を灌水に溶かす栽培に切り替えて、微生物の働きを高めることも一つの方法である。

一方、入れても入れても減っていく肥料成分がある。それはマグネシウムだ。カルシウムが高くなった圃場では、カリは吸収抑制を受けるが、マグネシウムはカルシウムが高くなっても吸収量に変化はない。このことからマグネシウムはあればあるだけ吸われる。マグネシウムは、堆肥や有機肥料中に存在するものではないので、農家自身が意識をしないと入れられるものではないから気づかなければ、欠乏症に陥りやすい。

マグネシウムとカリは再移動が可能な成分なので、吸った後、真っ先に届けられる上位葉に満たされるだけでなく、不足しているところへも満遍なくいきわたるようになる。つまりマグネシウムやカリは急速にかつ大量に吸われて、植物体を満たすのだ。そのために、土壌溶液中に溶け込んだマグネシウムやカリの減り方は早い。

特にカリは、作物が生育に必要な以上のカリを吸収するので、贅沢吸収するミネラルと呼ばれる。それだけに生育が進んで大きくなると、減り方が著しくなり、カリ欠乏が出やすくなる。逆にカリを多く吸収しすぎると、果実の糖度が低下し酸度が高くなるので、高糖度トマトなどでは注意が必要である。

この吸収されやすいミネラルは、水を与え続けて根が活発に動いた場合、追肥を何度もしなければならなくなるほど、吸収が高まって土からなくなってしまうこともある。気温の上昇につれて、マグネシウムの減少スピードが格段に速まるような印象を受ける。

減りやすい成分を短時間で補う場合、肥料の浸透圧の数値を見て施肥をすると良い。浸透圧が極めて低い硫酸マグネシウムは、肥料の中でも最も濃い濃度で葉面散布をしても濃度障害を起こしにくく、効果に速効性がある。筆者も常に在庫を持っていて、葉色の低下が見られたらすぐに使うようにしている。さて「葉色の低下」の葉色とは何かと気になる方もいるだろう。植物の緑色には色々あり、窒素が多いと青みがかっているように見える。尿素をたくさん投じた牧草の色は青緑に見える。野菜でも同様であるが、窒素が多い青緑色の野菜は、葉の表面が波打ち、異常に大きく、あまり美味しそうに見えない。一般の消費者の目線からすれば、緑が濃くて良いという意見もあるが、この緑は決して味のいい緑ではない。生食すれば分かることだが、えぐみのような後味の悪さを感じる。

他のミネラルによっても色が変わる。鉄が多いと葉が黒っぽくなってくる。これは鉄肥料の葉面散布で、よく見られることである。

マグネシウムが豊富だと、ピュアな緑に近い色になる。マグネシウムの効いた緑は、思わず、「美しい」と言いたくなる色だ。

マグネシウムと同じように、葉緑素に多いマンガンもそういう色をしている。マンガン欠乏は、先端部の緑色が薄くなるので、先端部の色を注意してみれば、マンガン特有の綺麗な緑色が見られるはずだ。

## 減肥の難しさ

減肥は難しいということは繰り返し述べてきたが、これは運転において低燃費走行できる道路とできない道路、高速道路と曲がりくねった山道の違いと同じである。山道でカーブが多ければ、何度もアクセルとブレーキを繰り返すので、燃料の消費が激しい。

天候が不順だと、農家は様々なものを投入してしまう傾向にある。つまり効率よく最初の元肥だけで栽培ができるのなら、余計に入れなくてもすむのだが、成長が鈍化したりすると農家は肥料が足りないせいだと捉えて、熱心な農家ほど何かを入れようとする。

知らず知らずのうちに、少しの肥料でも回数が増えて、結果的に十分すぎるほどの肥料養分が投入されることとなる。

栽培が終わる頃に、天候が回復してきて元肥が吸われるようになると、時すでに遅く、追肥で与えた分は、作物への貢献がなされずにそのまま持ち越しとなってしまう。

農家は肥料を入れないと不安なのだ。だが、案外入れなくても大丈夫な場合がある。こうした農家の不安を和らげるのが、土壌医の役割だ。

土壌分析をして塩基飽和度一〇〇％を超える設計をする場合、多収を目指す目的でなければ、減肥、あるいは無施肥を勧めてみる。おそらく欠乏症にはなることはない。もしその兆候があれば追肥で対処すれば良い。

まずは、元肥を減らすこと、次に我慢すること、そして欠乏症には追肥で対応すること。減肥に不安を抱く農家にはこうした三段階の手順をお勧めしたい。

## 肥料のアクセル系、ブレーキ系、クラッチ系

農家は、雪道を走るラリーカーに乗ったドライバーであるというのが筆者の持論である。見えないカーブの向こうはアイスバーンになって滑りやすいか、あるいは溶けていて走りやすいか。数秒先を考えて、アクセルを踏むかブレーキを踏むか考える。

農家も同じように、五日先（天気予報の当たる確率が高い明日、明後日のさらに先）がどういう天気になるか分からないが、その時に作物の姿がどうなっているかイメージして、アクセル系の肥料を入れるか、ブレーキ系の肥料を入れるか考えるべきである。

アクセル系の肥料とは、マグネシウム、鉄、マンガンを指す。これで光合成を高めようという目的である。一方ブレーキ系とは、カルシウムやホウ素、塩素などである。

天気が良くなる時には、アクセル系を効かせて光合成を高めて、天気が悪くなる時には、ブ

レーキ系をしっかり効かせて、病害の予防に努める。こういうふうに、二つのタイプのミネラルを切り替えることが大切である。

では、クラッチはということになるが、クラッチはカリである。

クラッチが効かないと、マグネシウムとカルシウムだけではスムーズな切り替えができない。水に溶けやすいカリがたっぷりあることで、植物体内をあちこち調整（浸透圧を高く維持）してくれるので、両者の切り替えがスムーズになる。つまりカリがたっぷりの栽培（贅沢吸収させた栽培）というのは、アクセルかブレーキか迷った時にクラッチが効いて遊びが生まれるのだ。

つまり運転と同じで、作りやすくなる。特に果菜においてはカリがあることで、ショ糖（葉でデンプンから合成された）の果実への転流がスムーズになる。

なるだけ、クラッチ系であるカリはずっと効いている状態にすること、そしてブレーキ系は少量で良いから途切れないように吸えること。そのためには土壌水分を維持すること。土壌が急激に乾き始めたり、花芽や結実量が急激に減って、樹になっている果実の数が減り、一つあたりの果実の成長が急に良くなったりすると、水に溶け込んだブレーキ系が足りなくなるので、ブレーキ系を補給する必要がある。季節としては梅雨明けが要注意である。

アクセル系を与えると急速に生育が高まり、光合成が活発になるが、それに合わせて根の伸

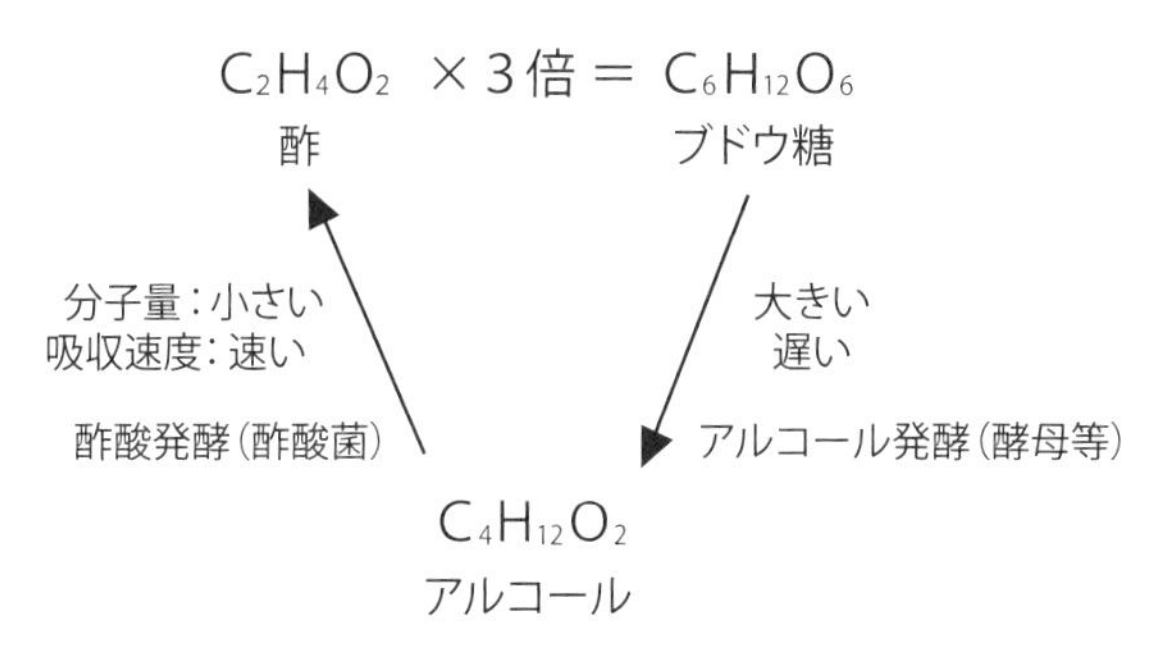


**図35**　ブドウ糖からアルコール、そして酢へと変化する。栽培において何をどこへどのタイミングで入れるかを考えるときに役に立つ。

長も高まり、根酸が活発に出る。根が伸びると水の要求量が増えるので、アクセル系を与え始めたら水をこれまで以上に増やす栽培に変えないといけない。そうすると土壌中にあるブレーキ系が水溶化し、伸びていく根に吸われるようになり、作物の繊維がどんどん硬くなっていくという流れである。

季節的には、光合成産物が不足する秋から春にかけてはアクセル系を使う回数が多く、逆に春から秋にかけては、光合成産物が有り余るのでブレーキ系が多くなる。

このようにクラッチは途切れないように継続的、ブレーキは途切れ途切れで断続的、アクセルは単発的に効かせることである。

## 糖蜜と酢、にがりなどの活用

アクセル系、ブレーキ系などのミネラルの使用は、減肥に取り組む理由から、あまり多用しないようにしている。

特に元肥で施用する以外にも追肥で複数回行うと、残存量が土の許容をあっという間に超過してしまう。

では、実際の栽培において、何をどのように使うかを具体的にお伝えしたい。

曇天で、繊維が十分作れていない時には、液肥を魚系からトウモロコシ浸出液に変えるようにしている。トウモロコシ浸出液は、糖蜜に近いが溶解性が高いので扱いやすい。ただし、葉面散布の濃度が濃いと、作物に糖分の結晶のようなものが付着するので注意する。

作物の状態が悪くなり、病害がいよいよ広がっていく感じになりそうな時には、トウモロコシ浸出液に米酢を混ぜて散布するようにしている。さらに悪化しそうな時には、米酢単体でかけるようにする。

米酢に含まれる酢酸の分子式は、炭素が二個、水素が四個、酸素が二個である。糖蜜、いわゆるブドウ糖は、炭素が六個、水素が一二個、酸素が六個と、酢酸はその三分の一の分子量ということになる。つまり分子量が小さい分だけ、吸収が速いということだ。

ある研究では、ブドウ糖を葉面散布すると、急速に根まで多く転流することが分かっている（注：アミノ酸は多くない。アミノ酸の一種グルタミン酸は移行が中程度だが、プロリンなどのアミノ酸は少ない）。

だから急速に生育状態を上げたい時、つまり根を動かして養分の吸収を高めたいという時には、根の成長と根酸を高めるために酢の濃度を上げて使うようにしている。

酢の希釈倍率は一〇〇〇倍までなら、菌の餌として増殖に使われるが、五〇〇倍以下だと殺菌として使われる。カビなどの病原菌が広がっている時には、自分は三〇〇倍で使うこともあるが、まずは小さい面積で試してからやってほしい。

曇天でも薄い濃度で早めにやっていくと、予防にもなるので、日頃から酢をかける習慣をつけておけば、病害をかなり抑えることができる。

果菜類や豆類では、葉面に散布された酢は吸収されて、作物の中で光合成産物のデンプンを補う糖分として蓄積される。植物の体内糖分が常に高めに維持されることで、生殖成長の状態が維持されて、花芽が確実に着果し、実の肥大時にも糖分が補給される。

そして曇天の場合、病害以外に考えられるのが、害虫の増加である。これも同じく繊維不足から起きることである。繊維の厚さの回復と同時にやるべきことがある。それはにがりの散布である（成分が海水に近いので濃度障害に注意）。にがりは、苦汁と書くだけあって、苦い成分を含むが、これが害虫には効く。

にがり（塩化マグネシウム）のマグネシウムはアクセル系として働く一方、塩素がブレーキ系として働く。つまり同時にアクセルとブレーキが効かせられる資材なのだ。塩素が作物に効くようになると、食感に歯ごたえを感じるようになるが、それを気にしなければ、なんら問題はない。

また塩素系を多く含む資材として他には、竹粉がある。C／Nが非常に高いので気をつけたいが、竹粉で栽培すると虫があまり来ないという話を聞いたことがある。

## 瞬発的な肥料と持続的な肥料

人間が夏に赤いトマトやスイカを食べたがり、冬にかぼちゃを食べたがるように、植物も季節によって、そして作物によって欲しがるものが違う。

窒素の強い肥料を与えても、いくらでも吸収してしまう時期と、なかなか吸収してくれない時期があるということだ。肥料を欲しがる時期に与えないと、順調な生育ができなくなる。

具体的には、成長が早まっている時期というのは、窒素を貪欲に吸っている時期でもある。作物が窒素を求めているので、この時期には、窒素の強い肥料（化学肥料でも十分）を与えても心配ない。

その逆で、成長が鈍くなっている時は、作物が窒素を吸えていない時期でもある。主に厳寒期や暑熱期である。地域によっても多少の違いがあるが、一年で言うなら、一、二月と七、八月であろうか。この時期には、窒素の強い肥料（窒素含量の高い肥料）ではなく、窒素の弱い肥料（窒素含量の低い肥料）を与えるべきだ。

そして作物に応じて、瞬発的な肥料と持続的な肥料とを使い分ける。瞬発系とは動物系で、持続系とは植物系である。

夏の果菜には、魚などの瞬発系肥料を使う。窒素が強いだけでなく、吸収してからの反応が早い。しかし乳酸菌を加えないままだと腐敗しやすいので、長い間効かせることはできない。あくまで少量多回数である。ただ、これもあくまで生育が好調な時期の選択であるので、天候不順などで生育が衰えてきたら、臨機応変に持続系の方を使うようにする。

また芋や豆にはデンプンを多く含む持続系を使うようにする。デンプンは病原菌の餌にもなるので、あらかじめ有用菌が優占するように整えておいてやる必要がある。こちらは、多量を一度に投じる方法で良い。

葉物には、どちらでも使えるが、曇天時に繊維が衰えないように、持続系でベースを作って、好天が続く場合にのみ瞬発系を上乗せして使うようにすれば良い。

## 施用回数と順序

土壌分析後の処方箋において、保肥力の違いを考慮した施肥設計を見たことがほとんどない。

作物の違いによって、元肥に重心を置いた栽培をしたり、元肥だけでは足りず追肥が必要であったり、タイミングもそれぞれ違いはあるが、土の保肥力について考慮されることは少ない

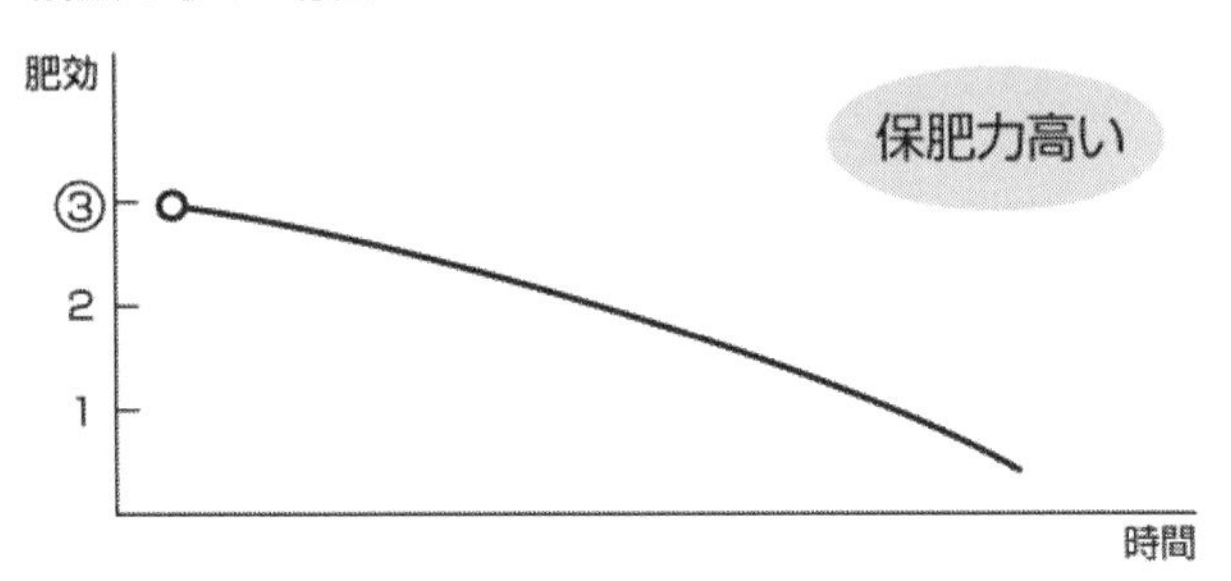


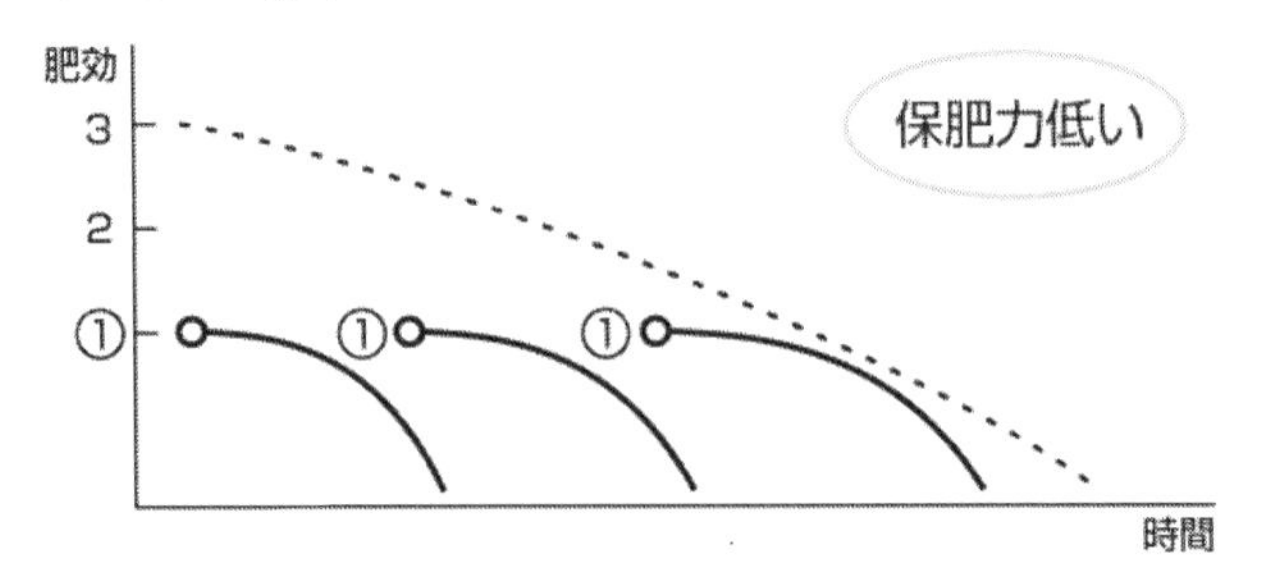


図36　肥効を安定化させるためには、土質に合わせて施肥の回数や間隔を考慮しなければならない。

ようだ。

だが、保肥力が極端に小さい砂質土の場合、土が元に戻ろうとする速さがとても速い。つまり肥料を貯留する時間が短いので、肥料濃度の上昇と下降が著しい。そのため作物に対する肥効が急激に上がり下がりする。逆に、腐植が多い黒ぼく土のような土壌では、肥効が緩やかで逆にピークを高くすることが難しい。そのためやや多めに入れる必要があったりする。なお土づくりにおいては、腐植を入れたり砂を客土したりして、この肥効のスピードを速くしたり遅くしたりする。

砂質土の場合には、追肥の回数を多くしなければならない。例えば通常一回のところを三回にする。ただし量はその分、三分の一に減らす。そうすることで、肥効が急激に上がり下がりすることなく、ピークを抑えて緩やかに効いている状態を作り出すことができる。

また、土づくりの際、堆肥は石灰を入れる一ヶ月前に入れることを徹底しろと言われるが、これは土壌中に有機酸が不足しているからである。堆肥を入れると堆肥に含まれる有機酸が土壌中に行き渡る。そこに石灰を入れることで、石灰がキレート化されて、作物に吸収されやすくなる。逆の手順で施用すると効果は低くなる。土に合わせた施用回数と順序は、正しく守らなければならない。

もし、農家が多回数施用をなるだけ減らし、少ない回数で栽培したい場合、砂質土の腐植含量を高めていく必要がある。肥料の腐植含量は、C／Nに窒素率を掛け合わせ、さらに一・七二四を掛け合わせて算出される。

C／Nが高く、窒素率が低い資材ほど腐植含量が高いので、材料としては木質系資材（オガクズや竹粉などを含む堆肥）が適している。この木質系資材に粘土資材を加え、さらに緑肥を繰り返し栽培して漉き込んでいくと砂質土の保肥力が高まって良くなる。

## 5　土壌構造を整える

### 土を外科的に治す、三つのメス

自然農に対する筆者の考えとしては、不耕起で雑草を生かして表土を保護し、土壌から養分を収奪されない範囲で栽培してほしいとの願いがある。

一方で、収量向上を目指す有機農業は自然農とは違い、土壌構造をスクラップアンドビルドしても良いと考える。

下層土を絶対上げてはならないということが言われて久しく、それを信じている人が有機農

3つのメス

土の一部を反転
（プラソイラ）

弾丸暗渠
（バイブロスーパーソイラ）

地下水位調整・排水整備
（バックホー）

**図37**　土の物理性を改善するための農業機械は複数あるが、筆者が所有しているのは3種類。

家には多い。けれども内科的な処方だけで、狭い有効土層のCECを高めることに奔走しても、根本の解決にはならないのだ。まずは、土壌構造の改善を最優先して、外科手術に挑むべきだ。

　肥料の効きを緩やかにすること。地力窒素を最大限に発揮させること。C／Nの薄い状態で、肥料養分が広く深く存在すること。そしてそこに根が届いて吸収できること。これらが、有機農業の生産力をさらに高めるNNFの基本だ。

　人間の営みは、自然の営みからすれば随分と性急である。三十年の時間を待つ猶予がないのが実情だ。だから、外科手術を数回繰り返すことによって、長い時間をかけて不耕起栽培で作ってきた自然農の土壌構造に一歩近づくことができるのなら、試みる価値はあるはずだ。

　外科手術とは、構造を大きく変化させることである。不要な土壌病害の部分を切除するというふうに思われるかもしれないが、限られた作土の容積を減らすことは絶対避けなければならない。客土で作土を増やしても、減らしてはならない（ECの除塩対策で表土をはぎとるのは別）。

　外科手術には三つのメスを用いる。三〇cmから六〇cmにかけての下層土を心土破砕し一部を表層に上げてくるプラソイラと、下層土を動かさずに振動で弾丸暗渠を作るバイブロスーパーソイラ、そして排水路を整備するバックホー。

　通常は、プラソイラで下層土の粘土を表層に持ち上げる方法を用いている。砂質土以外の灰

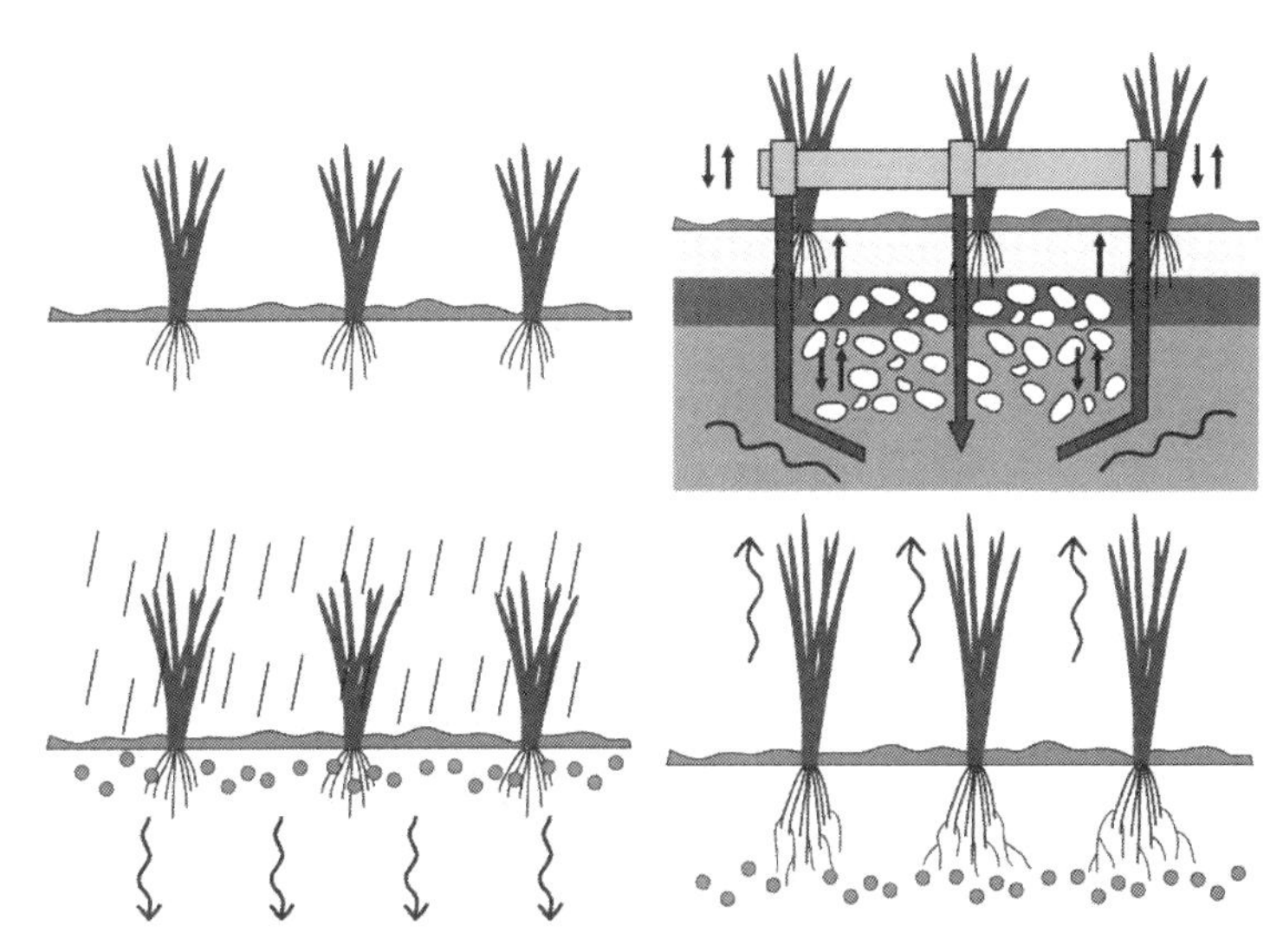

図38　上段、右。くの字型ナイフで心土破砕し、振動させることで、施用した肥料が土中深くまで浸透していく（下段、左）。それにつれて根が伸長し、地上部の生育も改善する。

色低地土などでは有効で、土性が変わるのが実感できる。

バイブロスーパーソイラを使うと、深い層の粘土を壊し、そこに空隙を作って酸素を届けることができるようになる。

以前に夏ニラを栽培していて、そのニラを霜の降りる頃まで収穫できないものかと試行錯誤した末、牛糞堆肥（C／N12）を表面に堆肥マルチしてから、バイブロで畝の底四〇cmのところの心土を破砕した（図38）。

その後、雨に何度か当てていくと、ニラの生育が急激に良くなった。通常、刈り取り回数が増えるごとに葉幅が狭くなり、葉身も短くなるのが、その逆で、葉幅が広がり、葉身が伸びたのだ。例年なら冬枯れしてしまう十二月になっても収穫でき、その成果を実感できた。

## 後は自然に任せる

近自然河川工法において、岩石の設置施工が終了すると、次は雨が降り増水するのを待つ。後は自然に任せるのだ。

土壌構造の悪化（単調な空間）を改善するには、表面的な内科的処方だけではうまくいかない。地域外から優れた粘土や砂を持ち込み改善させる方法があるが、それでも深層まで改善するには至らない。

土に馴染んだ有機物（堆肥や残渣や緑肥）の鋤き込み、次に土壌の反転（下層で使われなくなった粘土と表層で役に立たない砂の反転）、整地。人間ができるのはここまでである。後は自然に任せる。大雨が粘土を下層へ流してくれる。土の中では粘土が水流をせき止めて淀みを作り出し、表層から下層に至るまでいくつもの水の貯留が起きる。そこでは砂と粘土が混ざり合い、有機物が糊の役割をしてミクロ団粒とマクロ団粒が形成される。団粒という住処ができれば、酸素と水が安定的に存在することから、有用菌が生息し始める。

この一連の流れがＮＮＦの流れである。これまでの考えである、「土は上から作るもの」という概念からすれば、大きく逸脱してしまうように思われる。だが、上から作るには森林のような土性でなければならない。

そこで「有機物施用→反転」、このような手順で土壌構造を整えてやるだけで、後は自然が、上から「降雨（灌水）→団粒形成→生物生息」というふうに勝手に作り出してくれる。

森林のような土性は、表層が有機物で覆われ、下層へ浸透していくということである。森林土壌構造のような農地土壌にすれば、上から下へと自然が土を作ってくれるのだ。

## 深根性緑肥

物理性の改善のための緑肥というと、ソルゴーやギニアグラス、またはトウモロコシなどが挙げられる。ただこれらの根の伸長はそれほど深くまで及ばない。鋤き込む時に作土の限られた部分の物理性を改善できる程度である。深いところまで根が伸びる深根性緑肥は、セスバニアやクロタラリアなどである。深く張った根によって硬盤破砕が可能となり、湿害が起きている圃場でも効果が高い。そして何よりも機械を用いた場合と違って、根が腐ることでできた地中の空隙は簡単に潰れることはない。そのため、長期間に及ぶ排水の改善が期待できる。ただし生育が旺盛なために、作の後半には茎が木化してしまい、後処理が大変になるので、適期に鋤き込むことが望ましい。

深根性緑肥以外で、深いところまで改善する方法として、トウモロコシを植える場合、畝の上ではなく、通路、つまり少しでも低いところで栽培すると良い。そうすることで、畝の上で栽培するよりさらに二〇㎝深いところまで根を伸ばすことができ、トウモロコシが収穫された後、その太い根が腐って亀裂として残る。特にトウモロコシはC4植物なので、他のC3植物と比べて、炭素が一・三倍多い。だから、土にC／Nの高い堆肥を入れるような効果が現れてくる。

ところで緑肥の中でも、特にマメ科には雑草の発芽抑制のようなものがあるのではないかと筆者は考えている。クロタラリアを栽培し、鋤き込んだ後の雑草の生え具合が鈍くなっているように思えたのだ。このことは牧草のアルファルファを栽培した時にも感じた。難駆除雑草のギシギシが、アルファルファを鋤き込むと、発生量が前年よりも減ったのだ。ギシギシはこれまで増えても減ることはない、繁殖性の高い植物だと思っていたので、アルファルファに抑制する可能性があるのではないかと考えている。

マメ科のヘアリーベッチは根から特定物質を出して、周囲の雑草を枯死させる殺草効果があると言われている。この他感作用を生み出す物質が、石灰窒素の成分と同じシアナミドであることが分かっている。同じマメ科の緑肥という位置づけから、クロタラリアやアルファルファにおいても同じ効果があるのではないだろうか。

# 6　自然のものを有効活用

## 大雨と水やり

短時間豪雨が、近年になり各地で頻発している。一時間に一〇〇㎜というデータを見て、以前は驚いていたが、今や珍しくもない。ところで一〇〇㎜を実際の栽培に置き換えてみると、どのくらいの灌水量になるのか。

高さ一〇〇㎜つまり一〇㎝、〇・一ｍということになり、一反（一〇〇〇㎡）で計算すると、一〇〇㎥、一〇〇トンということになる。普通の圃場で、時間あたり一〇〇トンという灌水は、通常の農業設備から考えると難しい。

ふすまを用いた土壌還元消毒では反あたり一五〇トンの水が必要である。中熟堆肥を使った太陽熱養生処理でも同じくらい必要なので、栽培前の土壌消毒処理においては欲しい水量である。

日中の八時間ほどの作業時間で一〇〇トンの灌水ができる設備を計算すると、一時間あたり一二・五トン。一分あたり二〇〇リットル。一秒あたり三リットル強。これは用水を田んぼに引く位の水量である。仮にスプリンクラーや灌水チューブを使うと、抵抗があるので思った以上に水量が少なく二十四時間以上必要となる。

自然界の雨水というのは、人間が有する設備の数倍から数十倍もの灌水ができる。一〇〇㎜の雨によって、土壌消毒に必要な水量が簡単に確保できる。

現在、太陽熱養生処理についての新たな模索が始まっている。通常は晴天が続き雨の少ない八月に行っているが、水量が足りないことから失敗する例も多い。そこで、六月の梅雨を利用して一〇〇トンの水を取得しようという試みなのだが、畝立てのタイミングと多雨、そしてその後の晴天を、うまく組み合わせることができるかが課題である。

また、水やりという観点からも大雨は必要な時がある。

土壌水分が不足して作物の成長が鈍化している時に一〇〇㎜の雨量があれば、土壌内部の底深くまで養分が行き渡り、部分的に濃くなっている肥料濃度を薄めて拡散させることができる。長期の湛水状態にならなければ、つまり下層土の通水が良ければ、根が生き返るだけでなく、深いところまで水と酸素が行き渡り、根が養分を求めて深く伸長する。それにつれて地上部も見違えてくる。

作業時の心得であるが、葉面散布は晴れの日の夕方だけでなく、雨の中のミネラルや液肥の葉面散布も効果が高い。濃度を濃くして散布しても雨が薄めてくれるので、散布回数が減り省力化することもできる。

天候の変化に翻弄されるのではなく、どのように雨を利用するかが大切である。

## 資源となるゴミを探す

ＮＮＦは、近自然河川工法と同様、なるだけ身近な資材を用いることを心がける。なおかつ、再生産できるものが望ましい。加工工場や家庭で出される生ゴミ扱いされているものも、発酵させて使えるようにできれば良い。

大掛かりなバイオマス再生処理施設を自治体が建設し、食品残渣に加えて、下水処理汚泥や、籾殻、オガクズなど、様々な地域で排出される資源を混ぜて堆肥化している例もあろうかと思うが、筆者の地域にはそういうものはなく、食品残渣は焼却処理されていることが多い。オガクズは畜産の敷料として人気があるので、近くの製材所には県外から大型トラックで積み込みに来ているし、籾殻は田の隅で焼却されている。

小規模な事業体から出される無料のゴミをトン単位で集めて、小規模な発酵施設で堆肥化ができないだろうか。センター方式だけが優れているのではない。整備の遅れている地域では、様々なアイデアで取り組んで欲しいものである。

それによって、自前のオリジナル堆肥ができるようになり、市販されている物よりも、はる

ゴミリスト

| No. | 名前 | 事業所 | 品質 | 排出間隔 | 排出期間 | 排出量 | 年間排出量(kg) | 引き取り価格 |
|---|---|---|---|---|---|---|---|---|
| 1 | オカラ | ○△食品 | ◎ | 毎日 | 周年 | 30kg | 9,000 | 無償 |
| 2 | もみ殻 | ○△農協 | ◎ | 毎日 | 8月～10月 | 1000kg | 90,000 | 無償 |
| 3 | 米ぬか | ○○販売 | ○ | 毎日 | 周年 | 10kg | 3,000 | 有償 |
| 4 | 芋の皮 | △△製菓 | △ | 毎日 | 周年 | 500kg | 150,000 | 無償 |
| 5 | 野菜くず | ○○加工 | △ | 毎日 | 周年 | 50kg | 15,000 | 無償 |
| 6 | 落ち葉 | ○△公園 | △ | 年4回 | 秋～春 | 1000kg | 4,000 | 無償 |

**表4**　ある地域のゴミリストの一例である。近隣で入手できるゴミと呼ばれるものがどの程度あるのかを調査することが望ましい。

かに安価な肥料や堆肥ができる。さらにそれは、製品を輸送するコストが生じないので、化石燃料を無駄に使うこともなく、運搬費用も発生しない。自分たちが必要な分だけ作り、使うことができる。

あるいは堆肥づくりが面倒ならば、地域で緑肥を夏作と冬作を組み合わせて作ると良い。どちらにしても一反あたり二トンの現物が確保できる。堆肥よりもずっと糖分が多く、ロータリーで鋤き込むと一気に土中発酵が進む。深根性の緑肥を選ぶと、下層土の物理性の改善も同時にできる。

ただし、緑肥を栽培する時には、高価な有機肥料を使うとあまりにも採算性が悪いので、堆肥があれば堆肥を一〇トン以上入れ、有機栽培でなければ尿素や硫安を用いれば良い。

## 農場周辺の落葉樹を活かす

農場周辺に木を植えるのは、日陰を作ってしまうため、決してお勧めできるものではない。果樹園の盗難防止の生垣や、防風目的の灌木帯、河川が氾濫して境界が分からなくなるのを防ぐためのマサキの境界木などを別として、まず植えることはしない。

けれども自然農やパーマカルチャー（注：オーストラリアで生まれた、恒久的持続可能な環境を作り出すためのデザイン体系）の世界では、木があるのは当たり前のことで、むしろなくてはならない存在だ。

その理由はいくつかある。木があることで夏の気温上昇が和らぐ。野鳥が飛来することから、猛禽類も棲むようになり、モグラや小型哺乳類の害が減る。台風などの強風被害を軽減させる。そして何より一番大きいのが、農地の地下にあるミネラルを吸い上げ、枝葉にミネラルを蓄えて落とすことができることだ。

外部からの持ち込みを禁ずる自然農においては、足元にある資源だけでなんとかしなければならず、一般の野菜などの作物では決して届くことのない岩盤層に届く木の根が頼もしい存在になる。木の根は硬い岩盤を根酸で割り、そこに含まれる栄養素を吸い上げる。そして枝や葉に貯めて、落葉し土壌を作っていく。

土壌を一㎝作るのに百年以上の時間がかかると言われている。有機質資材の配合の表で計算すると分かるが、一kgあたりの炭素量は落ち葉で、最も少ない九〇g（その他は二八〇～六九〇g）である。森林には濃い炭素がたくさんあるように思われるが、実際の森林土壌は薄い炭

図39　農地にとっての樹木は、日射を遮り、通風を妨げ、枯れた葉を落とすことから、忌避の対象である。だがこれは農家の目線であって、農地生態系の中の作物の立場から捉えると違ってくる。写真は、最も山中深部に入り込んだ筆者の畑。台風の強風被害も小さい。

素を毎年少しずつ蓄積していっているのだ。自然界は、簡単に短期間で土を作る仕組みになっていないことがよく分かる。

余談であるが、二〇一七年に土壌を上手に使い地球の温暖化対策を進めようと、国連食糧農業機関（ＦＡＯ）主導で、土壌中の有機態炭素を示す世界地図が作られ、公開された。これは炭素を土壌に封じ込めて温室効果ガスを減らし、なおかつ土壌を豊かにしようという一石二鳥の取り組みだ。図39のような森と隣接する畑の役割は、化石燃料を使って炭素を運搬する必要がないことから、非常に大きい。

また、現代の生産性重視の農業からすれば一笑に付されるかもしれないが、周囲の山々が時間をかけ、森林生態系が土を作るように、農地生態系においても同じ原理で土壌は作られる。近くの山へ行き、炭素量の少ない落ち葉を拾い集めてきて、畑に入れる。時間をかけて土を作ることは、経済的な効率は非常に悪いが、土にとってはとても優しいと言える。

落葉果樹を植えることで、土壌に大きな環境変化が期待できる。果樹が腐熟する時に酵母がつく。その酵母は、その土地の果樹を発酵させるための固有の酵母になりうると考えられる。同じような理由で、カルシウムの多い場所で育った木の落ち葉の下には、カルシウムを溶かすことのできる酵母菌が棲むのではないだろうか。果樹に施用されたミネラル肥料は、果実だけでなく落ち葉にも含まれる。そうすると、果樹園の落ち葉を堆積させて腐熟させることで、ミネラルを溶かす酵母菌を育てることができるはずだ。

全国の農場で起きているカルシウムなどのミネラルの過剰症。土本氏がやったように、果樹の落ち葉を集めてきて圃場に入れることで、酵母菌が不溶化していたミネラルを可溶化させることができるのではないかと考える。

## 堆肥舎の有用性

最後に、筆者が最初に建てた堆肥舎を紹介したい。農業をしていると、地域には様々な資源があることに驚かされる。市民がゴミと呼ぶものの類だ。だが、これらは全て農家にとっては

図40　プランターに入れる堆肥を大人は袋に詰め、子どもは砂場遊びのように堆肥の山に駆け上がる。理想の堆肥とは、土に近いものでなければならない。

宝なのだ。牛糞も黄金の宝なのだ。なぜ牛を飼うかと問われたら、いつも「いい野菜を作るため」と即答するので、皆驚く。「だけど牛が健康でいてくれることが、まず第一だけどね」と付け加えて、皆が得心してくれる。

ところでゴミ資源を、ガラクタのような廃材で建てた堆肥舎で堆積、発酵させるというのは、作物を作るのと同等の面白さがある。全く目に見えない菌群が活躍すると色や匂い、手触り、その全てが変わっていく。あたかも作物を育てているような感覚だ。それが季節によって全く異なるし、年によっても違う。良い堆肥を作っている堆肥舎に見学に行くと、必ず堆肥をもらって帰る。そして持ち帰った堆肥を自分のところの堆肥舎で堆肥に混ぜて育ててやる。優れた菌を集めて培養するのである。

堆肥舎から持ち出した堆肥も、畑で大事に扱う。ただ土に混ぜれば良いのではない。時々、マルチフィルムの上で堆肥舎と同じような環境にして、塊ごと育ててやる。水を与えて、嫌気性菌が時々動く程度に好気性菌が少しずつ分解し、そうするとあたりの空気に菌を拡散し、空間を満員にしてカビなどを寄せ付けない。その様子を見るのが楽しい。堆肥は生きているという実感がある。生きている堆肥だからこそ、土にも生命が宿るのだ。

こうしたご機嫌の菌たちと仕事をしていると、こちらの知らない間に働いてくれて、すごくありがたいという思いが込み上げてくる。素晴らしい助手である。

農業の現場には、大切な菌がいてくれることが大切である。そのためには人間にとって都合の悪くなったゴミという餌を与え、ずっといてもらえるように環境を整えてやることだ。彼らは人間社会ピラミッドの底辺を支えてくれているのだ。

## おわりに

近自然河川工法は、生態学的に破壊された自然をもう一度、元に戻す再生技術である。欧州における河川生態系の破壊は、開発者の予想を覆すものだった。治水対策として、直線的な平面構造にすることで時間流量を増やすのが目的で、生き物には影響は及ばないと考えられていた。だが、多くの生き物をはじめ、多様な機能が失われてしまった。

このことは、世界中の農地においても同様である。ロータリー耕をはじめとする農業機械や除草剤が表土から雑草をなくしたために、根に固着していた粘土が流亡しやすくなり、単調な空間になってしまった。その上、これでもかというくらいの肥料の多投入が繰り返された。多くの農家は多投入しなければモノは作れないという固定観念が身について拭えないでいる。その結果、肥料養分の足りない土から、いい土へ、さらにいい土を超えて、余る土になった。それでも投入はとどまることがない。

元に戻す再生技術が、農地においても必要だと言われる時代になってきている。これが本書の大きなテーマである。

話は変わるが、昔、ある農業関係の学会に出席した時の事だ。大学の先生方をはじめとする第一線の研究者が一堂に会し、多くの学術的な発表をしていた。一日の中で三〇近くの発表があり、最後に座長が一日を通しての質問はないですかと、会場に呼びかけた。するとある男性が立ち上がり、「私はただの農家です。今日一日、素晴らしい研究報告を聞かせていただきました。ありがとうございました。ただ一つ残念なことがあります。それはあなた方の研究が、自分のやっていることと、どう結びつくか全く分からないことです。どなたかお答えいただけないでしょうか」とこう言った。会場はしんと静まり返り、座長も対応に困って自らの言葉で、「研究者は農家をはじめとする市民みんなのため」云々の弁明をしたが、その言葉に説得力はなく、会場はさらに水を打ったようになった。

確かに、農業現場と机に積み上げられた書籍や論文との間には、食い違いこそないものの深い溝があるように思える。自分も農業書はかなりたくさん目を通したが、農業に活かすのが難しいと思える内容も少なくない。

その溝はなかなか埋められるものではないだろう。だが境界面における親和性の向上ではないが、諦めてはいけないと思う。

自分も、農家の側から読みかじったものと自らの体験を組み合わせることで、親和性が生まれやしないだろうかという一縷の望みを抱き、今回、書籍化を思い立った。

有機農業についてこれまで誰も書かなかったことを書くといった時、ある友人は「田村さん、周りが敵だらけになりますよ」と忠告してくれた。

真理を求めようとあがくだけなら波風立たないが、公的に発表するとなれば、どうしても逆風が吹き、異端視され、反駁、批難されてしまう。その覚悟があるかどうかということだ。

正直、これについては逡巡した。誤った情報はフェイクニュースだと真っ向から叩かれる時代である。当然、揶揄されることもありうるだろう。土壌医の値打ちを下げることになってもいけない。そんなことも繰り返し考えた。

けれどもその時、一番背中を押してくれたのが、冒頭にも挙げた「田村、有機農業は美しいぞ」という福留氏の言葉だった。土壌医検定を受験する際にも、「これからの時代とても大事な資格となる。なんとしても取りなさい」と励ましてくださった。

近自然という金字塔を打ち立てた福留氏から渡された襷を、自分はゴールまで届けなければならないような気がしたのだ。たとえ道に迷い、道が絶たれたとしても、ゴールまで運ぶことが自分の使命なのだと。

長い時間がかかってようやく、そのゴールに辿り着けた。だが安心して振り返ると「そこはゴールじゃない。田村、そこはスタート地点だ」と、天国から叱咤の声が聞こえるような、そんな気がしている。

この度、出版してみないかと声をかけて築地書館さんをご紹介くださった、たかはし河川生物調査事務所の高橋勇夫氏、さらには企画書を採用してくださった築地書館株式会社代表取締役社長の土井二郎氏、原稿の校正を丁寧に手がけてくださった北村緑女史には、心から深謝いたします。

株式会社西日本科学技術研究所代表取締役社長の福留いく子氏そして所員の方々、土本果樹園の土本鋼、照美夫妻には、執筆に当たり多くのご協力を賜りました。また、内容にぴったりなユニークなイラストを幾枚も描いてくださった埼玉在住の日下部梨恵さんには、大変ご苦労をおかけしました。

そしてＴＡＭファームの従業員の皆さん、有機農業就農研修組織ＳＯＥＬの皆さん、妻をはじめ家族のみんなからはたくさんの励ましの言葉をいただきました。

こうして出版できたのは、多くの方々の支えがあったからだと感謝し、そうした方々に囲まれたことを心から誇りに思います。

そして最後に、福留氏の偶然の来訪がなければ、この企画は生まれることはありませんでした。「美しい有機農業」について、ようやくまとめることができました。本当にありがとうございました。

田村雄一

二〇一八年十一月

き』2009　農山漁村文化協会
佐藤直樹『しくみと原理で解き明かす　植物生理学』2014　裳華房
沼田真 編『雑草の科学』1979　研成社
山根一郎『地形と耕地の基礎知識――自然がつくる土・人間がつくる土』1985　農山漁村文化協会
相馬暁『朝取りホウレンソウは新鮮か？――相馬博士の旬野菜読本』2005　農山漁村文化協会
明峯哲夫『有機農業・自然農法の技術――農業生物学者からの提言』2015　コモンズ
藤本文弘『生物多様性と農業――進化と育種、そして人間を地域からとらえる』1999　農山漁村文化協会
矢吹萬壽『風と光合成――葉面境界層と植物の環境対応』1990　農山漁村文化協会
木村和義『作物にとって雨とは何か――「濡れ」の生態学』1987　農山漁村文化協会
小川光『トマト・メロンの自然流栽培――多本仕立て、溝施肥、野草帯で無農薬』2011　農山漁村文化協会
伊達昇監修／農文協 編『野菜つくりと施肥』1983　農山漁村文化協会
『日本大百科全書ニッポニカ』1993　小学館
福留脩文・藤田真二・福岡捷二「淵環境を回復した低水路水制の設計とその環境機能の評価」2010　水工学論文集　第54巻
舘野廣幸「有機農家からみた日本の有機農業と関係する思想家たち」2012　社会科学論集　第136号
田村雄一「“効く”納豆、見つけた！ニラの灰色カビ病を納豆防除」2009　『現代農業』農山漁村文化協会
バイエルン州内務省建設局 編、千賀裕太郎、勝野武彦、岩隈利輝 監訳、ドイツ国土計画研究会 翻訳『道と小川のビオトープづくり：生きものの新たな生息域』1993　集文社
Izaak S.Zonneveld., Richard T.T.Forman (Edes.), Changing Landscapes : An Ecological Perspective, Springer, 1990.
Richard T.T.Forman and Michel Godron, Landscape Ecology, Wiley, 1986.
日本生態系保護協会編著『ビオトープネットワーク　都市・農村・自然の新秩序』1994　ぎょうせい
農村環境整備センター編『農村環境整備の科学』1995　朝倉書店

文化協会
小祝政明『有機栽培の肥料と堆肥――つくり方・使い方』2007　農山漁村文化協会
小祝政明『有機栽培の野菜つくり――炭水化物優先、ミネラル優先の育て方』2009　農山漁村文化協会
小祝政明『有機栽培の病気と害虫――出さない工夫と防ぎ方』2011　農山漁村文化協会
小祝政明『実践！有機栽培の施肥設計』2013　農山漁村文化協会
杉山恵一・牧恒雄 編『野生を呼び戻す　ビオガーデン入門』1998　農山漁村文化協会
横山秀司『景観生態学』1995　古今書院
デイビッド・モントゴメリー／アン・ビクレー（片岡夏実訳）『土と内臓――微生物がつくる世界』2016　築地書館
渡辺和彦『作物の栄養生理最前線――ミネラルの働きと作物、人間の健康』2006　農山漁村文化協会
渡辺和彦『ミネラルの働きと人間の健康――糖尿病、認知症、骨粗しょう症を防ぐ』2011　農山漁村文化協会
渡辺和彦『ミネラルの働きと作物の健康――要素障害対策から病害虫防除まで』2009　農山漁村文化協会
E・P・オダム（三島次郎訳）『基礎生態学』1991　培風館
ウィリアム・ジュリー／ロバート・ホートン（取出伸夫 監訳）『土壌物理学』2006　築地書館
武内和彦『地域の生態学』1991　朝倉書店
阿江教治・松本真悟『作物はなぜ有機物・難溶解成分を吸収できるのか――根の作用と腐植蓄積の仕組み』2012　農山漁村文化協会
農業土木学会 編『改訂　農村計画学』2003　農業農村工学会
みなみかつゆき（陽 捷行）『18cmの奇跡――「土」にまつわる恐るべき事実！』2015　三五館
松中照夫『土は土である――作物にとってよい土とは何か』2013　農山漁村文化協会
桐谷圭治『「ただの虫」を無視しない農業』2004　築地書館
日本土壌肥料学会「土のひみつ」編集グループ 編『土のひみつ――食料・環境・生命』2015　朝倉書店
J・I・ロデイル（一楽照雄訳）『有機農法――自然環境とよみがえる生命』1974　協同組合経営研究所
川口由一『妙なる畑に立ちて』1990　新泉社
伊達昇 編『有機質肥料と微生物資材』1988　農山漁村文化協会
園池公毅『光合成とはなにか――生命システムを支える力』2008　講談社
エアハルト・ヘニッヒ（中村英司訳）『生きている土壌――腐食と熟土の生成と働

## 参考図書


木村秋則監修、農業ルネサンス『自然栽培』編集部 編『自然栽培 Vol.6』2016　東邦出版

クリスチャン・ゲルディ／福留脩文『近自然河川工法——生命系の土木建設技術を求めて』1990　近自然河川工法研究会

福留脩文監修、山脇正俊 訳、岩井契子 編『近自然工法の思想と技術——人と自然にやさしい地域づくりのコンセプト』1994　近自然河川工法研究会

福留脩文『近自然の歩み——共生型社会の思想と技術』2004　信山社サイテック

福永泰久『西日本科学技術研究所での 35 年——環境から近自然河川工法まで』2011　西日本科学技術研究所

高橋勇夫・東健作『天然アユの本』2016　築地書館

宇根豊・日鷹一雅・赤松富仁『減農薬のための田の虫図鑑——害虫・益虫・ただの虫』1989　農山漁村文化協会

青山正和『土壌団粒——形成・崩壊のドラマと有機物利用』2010　農山漁村文化協会

村上春樹『色彩を持たない多崎つくると、彼の巡礼の年』2013　文藝春秋

畠山重篤『森は海の恋人』2006　文藝春秋

日本土壌協会 編『土壌診断と対策』2013　日本土壌協会

日本土壌協会 編『土壌診断と作物生育改善』2012　日本土壌協会

増井和夫『アグロフォレストリーの発想』1995　農林統計協会

ビル・モリソン／レニー・ミア・スレイ『パーマカルチャー——農的暮らしの永久デザイン』1993　農山漁村文化協会

田村雄一「土壌医の活動　自然により近づく農空間づくり」『土づくりとエコ農業』2018 年 2・3 月号 Vol.50　日本土壌協会

浜田久美子『スイス林業と日本の森林——近自然森づくり』』2017　築地書館

JA 全農肥料農薬部 編／安西徹郎『だれにもできる　土の物理性診断と改良』2016　農山漁村文化協会

JA 全農肥料農薬部『だれにもできる　土壌診断の読み方と肥料計算』2010　農山漁村文化協会

岡崎正規・木村園子ドロテア・豊田剛己・波多野隆介・林健太郎『図説　日本の土壌』2010　朝倉書店

エペ・フゥーヴェリンク／タイス・キールケルス（中野明正 他監訳）『環境制御のための植物生理　オランダ最新研究』2017　農山漁村文化協会

嶋田幸久・萱原正嗣『植物の体の中では何が起こっているのか』2015　ベレ出版

有江力 監修『図解でよくわかる　病害虫のきほん』2016　誠文堂新光社

山崎仲道 編『水　その不思議な世界』2007　高知新聞社

小祝政明『有機栽培の基礎と実際——肥効のメカニズムと施肥設計』2005　農山漁村

著者紹介：

**田村雄一**（たむら　ゆういち）

1967年、高知県生まれ。

愛媛大学工学部電気工学科卒業後、株式会社西日本科学技術研究所入所。

1995年、高知県くらしと農業懸賞論文金賞受賞。

翌年、父親の跡を継ぎ、農業を始める。

2006年、佐川町農村環境計画策定委員長に就任。2008年に、近自然農業の実践を目指して、さかわオーガニック＆エコロジーラボラトリー（SOEL）発足。同年、佐川町有機農業推進事業を受託。2016年に土壌医の資格を取得。TAMファーム合同会社代表。

# 自然により近づく農空間づくり

2019年1月23日　初版発行

著者　田村雄一
発行者　土井二郎
発行所　築地書館株式会社
〒104-0045 東京都中央区築地7-4-4-201
TEL.03-3542-3731　FAX.03-3541-5799
http://www.tsukiji-shokan.co.jp/
振替 00110-5-19057
印刷製本　中央精版印刷株式会社
装丁　秋山香代子（grato grafica）

　ISBN978-4-8067-1575-7